油藏数值模拟上机实践指导书

YOUCANG SHUZHI MONI SHANGJI
SHIJIAN ZHIDAOSHU

吴正彬　关振良　编著

中国地质大学出版社
ZHONGGUO DIZHI DAXUE CHUBANSHE

图书在版编目(CIP)数据

油藏数值模拟上机实践指导书/吴正彬,关振良编著.—武汉:中国地质大学出版社,2024.3
中国地质大学(武汉)实验教学系列教材
ISBN 978-7-5625-5809-5

Ⅰ.①油…　Ⅱ.①吴…②关…　Ⅲ.①油藏数值模拟-高等学校-教材　Ⅳ.①TE319

中国国家版本馆 CIP 数据核字(2024)第 055869 号

油藏数值模拟上机实践指导书	吴正彬　关振良　**编著**
责任编辑:周　旭	责任校对:徐蕾蕾
出版发行:中国地质大学出版社(武汉市洪山区鲁磨路 388 号)	邮编:430074
电　话:(027)67883511　　传　真:(027)67883580	E-mail:cbb@cug.edu.cn
经　销:全国新华书店	http://cugp.cug.edu.cn
开本:787 毫米×1092 毫米　1/16	字数:269 千字　印张:10.5
版次:2024 年 3 月第 1 版	印次:2024 年 3 月第 1 次印刷
印刷:湖北睿智印务有限公司	
ISBN 978-7-5625-5809-5	定价:38.00 元

如有印装质量问题请与印刷厂联系调换

前　言

　　油藏数值模拟技术作为油田开发科学决策的工具,在理论上可用于探索多孔介质中各种复杂渗流问题的规律,在工程上可作为开发方案设计、动态监测、开发调整、反求参数、提高采收率的有效手段,并能为油田开发中各种技术措施的制定提供理论依据。狭义地讲,它仅仅研究油藏内流体的运行规律;广义而言,它能够对整个石油开采系统,包括油藏、地面装置及任何相关的重大活动进行定量描述。模拟研究可以很容易地在计算机上重复计算不同开发方式下的开发过程,并从中选择出能得到最大经济效益的方案。因此,油藏数值模拟技术的应用,不仅能提高油田开发的技术水平,而且可以获得少投入、多产出的经济效益,该项技术已成为油气田开发领域的一项重要技术。

　　近些年,随着计算机技术的飞速发展,油藏数值模拟基本原理及应用的发展也很迅速,每年都有大量的研究成果和学术论文、专著问世。但是对于高等学校的师生和初次从事油藏数值模拟工作的技术人员,在学习和使用该项技术时会遇到困难。因此,编写《油藏数值模拟上机实践指导书》有利于初学者(或工程师)更快速地了解并掌握该项技术的基本操作流程,并指导其应用实践。本书在中国地质大学(武汉)关振良教授的油藏数值模拟课程讲义的基础上,结合笔者多年油藏数值模拟教研实践的经验编写而成。全书主要内容包括一维油水两相数值模拟;块中心网格系统三维三相黑油模型油藏数值模拟(不含溶解气),以及角点网格系统三维三相黑油模型油藏数值模拟(含溶解气)。全书基于油藏数值模拟基础理论、基本知识,旨在提升学生使用油藏数值模拟的基本技能,力求从理论联系实际培养学生分析问题和解决问题的能力。

　　本书的编写得到了中国地质大学(武汉)资源学院石油工程系关振良教授的大力支持和热情帮助,在此表示感谢。

　　书中如有错误和不当之处,敬请读者批评指正。

目　录

第1章　油藏数值模拟软件简介

1.1　油藏数值模拟

油藏数值模拟同物质平衡计算一样,是一种数值模拟方法,用来量化并解释物理现象,从而对其未来的表现进行预测。但是物质平衡的局限性有:①没有考虑空间差异(即所谓的零维);②在整个储层范围内对油藏、流体性质等进行平均;③按照时间顺序在所有离散点处检测系统,使得在每一个时间步都要进行物质平衡计算。

油藏数值模拟在三维空间上把整个油藏划分为多个离散单元,而且在一系列离散的时间和空间步长上模拟油藏和流体性质的变化。它可以被看作是多个物质平衡模型的结合,能使油藏工程师对开采机理有更深入的认识。不过任何模拟器都只是一种工具,需要依靠油藏工程师良好的专业判断能力才能得到具有实际应用价值的结果。

1.2　油藏数值模拟模型与实际油藏的关系

油藏数值模拟的模型与实际油藏不是完全一样的,模型的表现依赖于数据的质量和数量。如果油藏数值模拟模型能够准确地代表实际油藏,那么它就可以反映出实际油藏的各种表现。但实际上一些数据是未知的,或者是需要进行近似处理的,所以必须验证数据的有效性,即历史拟合。在历史拟合过程中对数据的调整和修改必须是合理的、可行的,因此油藏建模受很多人为因素的影响。

油藏数值模拟模型与实际油藏的区别,主要体现在以下几点:

(1)油藏数值模拟输入数据具有不确定性。任何测量方法都有不确定性,如岩芯驱替方法估计出来的渗透率值实际是集中到一个平均值上的一定范围内的值。因此,确定现有的所有测量方法是否能够计算出平均渗透率,其中哪些方法能够真正得到工程师所需要的渗透率值,这是一项非常重要的工作。采集可用数据并判断这些数据的可靠性和可用性,是油藏数值模拟研究中工作量较大的部分之一,这部分工作常常比建立一个拟合模型要耗费更多的时间。虽然拟合模型不需要与实际油藏完全相同,但是如果想让拟合模型具有与实际油藏同样的动态表现,输入数据必须能够准确表现实际油藏的特征。

(2)实际油藏的一些过程和特征是未知的。油井数据提供泄油区域范围内的油藏信息及泄油区以外整体油藏的某些总体信息,而地震数据则提供了除油井数据以外的油藏结构中的细节特征。除此之外的油藏的其他地质信息就只能通过推测或者是外推插值得到。

（3）油藏数值模拟可能对某些过程不适用。所有的拟合模型都只是对实际连续油藏系统的一种离散数值近似。数值模拟所包含的扩散性方程是一个偏微分方程组。模拟器只能直接求解最简单的模型的偏微分方程组，对除此之外的复杂模型偏微分方程组都只能通过数值方法近似求解其相应的线性差分方程组。例如，差分方程不能适用于高压缩性流体，因此不适用于模拟自由气在介质中向高压部分流动（压力大于 3500Psia[①]）。这种情况通常发生在从井所在的地层网格向井筒的流动过程中，此时可选择性给出一个流入方程。

（4）在建立拟合模型的过程中，加入了很多人为因素（人为干预的过程），这会改变模型的表现。所有的模拟器都把油藏和井模拟为一系列点的集合，这些点是源、汇，它们代表的是各自所在的大而复杂的网格块，因此需要对各复杂网格块的性质进行平均，从而得到其离散点的各种性质。这种平均化的方法是对真实油藏的近似，其结果必然会改变模型的表现。例如，对于地下 3000m 处的一个 100m×100m×10m 的网格块，在实际油藏中，此网格中各个位置处的性质都是不同的，但是在油藏数值模拟器中，这个网格块被处理为一个单点，它内部各个点处的性质都用这个单点的性质来代替，只有一个饱和度值，一套 X、Y、Z 方向渗透率，一个净厚比，一组相渗和毛管力曲线。所以，只有通过对每个网格各个位置的上述各属性进行平均或粗化得到的其离散点的上述各种性质才是比较合理的。这些特征能够表征实际油藏的流动特征，使数值模拟中各网格间流体的流动过程和实际油藏岩石中流体的流动过程相同。这是抵消油藏离散化过程中所产生的误差的一个非常重要的方法。

1.3 进行油藏数值模拟研究的意义

进行油藏数值模拟研究的意义有：①可以快速经济地对各种油藏开发方案进行评估；②可以建立油藏地质构造和岩石模型；③可以模拟各种开采技术；④被银行和基金组织认可为投资决策的支持证据；⑤全世界的许多地方法定要求使用油藏数值模拟（图 1.1）。

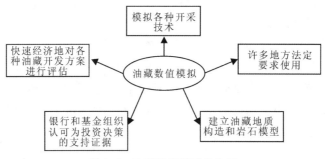

图 1.1 油藏数值模拟的作用

---

① Psia，绝对压力，1Psia＝6.894 8kPa。

油藏数值模拟主要应用在:①准确确定可采储量;②预测生产动态;③确定所需井数;④确定最佳射孔方案;⑤确定最佳布井方式;⑥对早期水气突破的后果进行估计,估计分割(分离)设备的尺寸和应用时间;⑦确定最佳注入量和最佳注入时间;⑧确定油藏内的流动屏障,从而估计非泄油区的存在;⑨估计地下储气设备的存储能力和产量;⑩确定满足天然气供应合同的最优方法;⑪通过分别对最优、最差和最可行的开发方案进行经济评价分析,估计其金融风险。

1.4 ECLIPSE 简介

ECLIPSE 是 20 世纪 70 年代末期在 ECL 的基础上发展起来的。ECL 专门用于地震数据的获取和质量控制,加入动态流动模型会使其功能更加多样化,从而进一步增加软件的优势。虽然当时有很多种油藏模拟器,但是即使是其中最好的模拟器也没有实现全隐式,无法使用全隐式井模型。因此,为了解决这些问题,ECL 管理者组织了一个非常优秀的开发团队,研发全新的模拟器。这个开发团队由油藏工程师和软件开发人员组成,他们之前开发过模拟器 PORES,具有丰富的研发经验。由此,ECLIPSE 应运而生,并于 1983 年在国际石油工程师协会(society of petroleum engineers,SPE)会议上首次发布。此后,ECLIPSE 迅速普及,一直至今。现在,ECLIPSE 在中国的市场占有率已经超过 80%(图 1.2)。

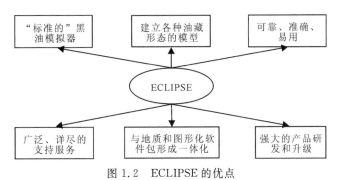

图 1.2 ECLIPSE 的优点

1.4.1 ECLIPSE 工作原理

ECLIPSE 是一个批处理数据软件,油藏工程师只需要为 ECLIPSE 建立一个单独的数据文件。这个数据文件包含对模型的完整描述,包括油藏描述、流体和岩石性质描述、初始条件、井和各相流量以及地面设施。同时,ECLIPSE 也是一个包含了一系列关键字和注释的文本文件,虽然许多关键字都有着相似甚至完全相同的语法,但是每一个关键字都具有其特定的语法规则。一些特定的关键字把这个数据文件分成了几个不同的部分,每一个部分都有其特殊的功能。总的来说,ECLIPSE 的每个关键字都只能用于这个数据文件特定的一些部分,而在其他部分不可用。

ECLIPSE 按顺序依次读取输入数据文件,每次在读取下一个部分数据文件之前,要对当前这部分数据文件进行多方面的数据和一致性检查。但是最后一部分数据文件除外,因为它是依赖于时间的数据,不能作为一个整体来读取和处理,因此关键字是按照它们在数据文件中被读取的顺序来处理的。

ECLIPSE所做的第一项工作就是为输入数据分配存储空间。虽然ECLIPSE能够动态检测数据体的大小,并为整个ECLIPSE的运行预留足够大的存储空间,但是模拟中不同类型的信息所需要的存储空间的大小是不同的。模拟网格的几何形状及其属性被处理成了一个表格,这样更便于计算。ECLIPSE计算每一个网格的孔隙体积、三维传导系数和网格中心深度,并为它建立与其有流体交换的其他网格间的连接。所有这些值都可以由用户或ECLIPSE进行修改。

ECLIPSE的第二项工作则是详细说明流体和岩石的属性。流体属性包括一系列定义各流动相特性的数据,而岩石属性指的是几组相渗和毛管力与饱和度关系。这种方法有效地定义了各相的原生饱和度、临界饱和度与最大饱和度,提供了计算过渡区和确定各相间流动条件的信息。这些信息在很大程度上影响着各产出相的比例,如含水率和GOR。接着是定义初始条件,通常是确定油水界面(OWC)和(或)油气界面(GOC)的深度以及在一个已知深度处的压力。ECLIPSE把这部分信息与前面部分得到的结果结合起来,计算油藏各部分的静压梯度,并且为每一个网格块分配产注之前的各相初始饱和度。这个过程称为初始化。

ECLIPSE的最后一项工作就是拟合,先模拟钻井、射孔和完井等生产措施,确定生产和注入目标,开井,然后在井的驱动下,流体开始在油藏中流动。

ECLIPSE可以输出用户定义的各种模拟结果及其模拟过程中不同时间步的进展信息。一旦模拟器运行完毕,就可以在文本编辑器和后处理模块中检验输出结果。

1. 油藏静态描述

油藏静态描述是指以离散网格的形式建立油藏的地质模型(图1.3),并给每个网格赋予长、宽、厚度、海拔高度、孔隙度和渗透率的值。

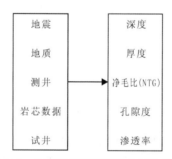

图1.3　油藏数值模拟需要的网格数据

油藏静态描述的步骤如下:

(1)选择网格模型。网格模型的选择依赖于以下因素:①所需模拟的区域大小;②研究所需的精细程度;③可得数据的详细程度;④断层结构的复杂程度;⑤断层处储层的连接关系;⑥倾斜断层和(或)产状断层的存在与否;⑦创建模型的可用时间。

可选的网格类型有块中心网格和角点网格,其中每一种网格都可以是径向网格或笛卡尔网格中的一种。不同类型网格的特点分别为:①块中心网格的每一个网格都是一个平行六面体,具有垂直的侧面及水平的上、下顶面,而且每一个网格都具有唯一的长、宽、高和深度;②角点网格系统按照网格角点的位置来定义各个网格,各个角点网格可能是不对称的、歪斜的、楔形的或尖灭组合;③一个网格模型只能是角点网格或块中心网格的一种,两种网格类型不能相互混合;④一个网格模型也只能是径向网格或笛卡尔网格中的一种,但是可以包含局部网格加密(LGRs)。

(2)设计平面网络。设计模拟网格系统的第一步通常是创建一个平面网格。平面网格通常具有以下特点:①基于顶部构造图;②只包含一层;③井尽可能位于网格中心处;④断层尽可能位于网格边界处;⑤非流动边界条件。

网格的大小和形状变化具有以下几个特点:①断层处网格通常扭曲变形;②井附近的网格较其他处网格要小;③水体处的网格通常比较大。

(3)网络纵向分层。纵向分层通常依赖于:①可利用的层位数据;②地质分层的粗化程度;③渗透率随深度的变化;④隔层(如页岩)的封隔性。

(4)定义网格属性。这些属性包括孔隙度、三维方向上的渗透率和净厚比,但并不是所有这些属性都必须定义。这些属性来源于不同的数据,如由井点测量数据外推到的油田全区的数据与已知数据的相互关系,由相邻区块数据进行类推的地质统计属性模型。

(5)定义区域属性。定义了网格属性后,通常会根据不同的目的把油藏划分为不同的区。例如为不同的区提供不同的流动和储量报告(如隔层分割开的不同区域);把有不同流体界面的区域指定为不同的区(如独立的断块区域);把具有不同流体 PVT 属性(如不同 API 值)的区域划分为不同区;把岩石属性(如原生水或束缚水饱和度)差异较大的区域划分为不同的区。

2. PVT 和岩石数据

包括流体和地层的体积系数、黏度、密度、溶解气油比/溶解油气比、岩石和水的压缩系数等,以及各相的相对渗透率、界面毛管力。

1)PVT 数据

通过 PVT 分析得出 PVT 数据,并将各属性与压力的关系以表格形式给出。这些数据包括油、气、水各相地层体积系数 B_o、B_g、B_w,各相黏度 μ_o、μ_g、μ_w,溶解气油比/溶解油气比。油田各个区域的 PVT 数据可以不同,需要设置初始压力梯度和组分分布。

PVT 数据是实验室对地层流体分析的结果,这些数据用来:①描述油藏流体各相在所有时间的表现;②计算各相密度,建立模拟的初始条件和计算物质平衡方程中各网格中各相的质量。

流体的 PVT 属性会随着深度和平面区域的不同而变化,同时油藏不同区域内流体的 PVT 属性也是不同的。

2)岩石数据

通过 SCAL 分析得出岩石数据,并将各属性与饱和度的关系以表格形式给出。油藏的不同区域可以有不同的岩石属性曲线。需要给每个区域设置最大、最小和临界饱和度值,定义过渡区域的饱和度。

岩石数据是特殊岩芯分析实验的结果,这些数据用来:①设定各流动相的最大、最小饱和度,定义相平衡饱和度;②定义过渡区的范围和属性;③定义不同流体的流动特性,这样就可以计算出各网格间的相流动。

3. 初始数据

初始数据提供流体界面、参考深度、压力和毛管力。

初始化指的是定义模拟的初始条件,如模拟开始时的压力和相饱和度。模拟器运行可以从产注措施实施后再开始,因为 ECLIPSE 可以非常容易地从前一次模拟运算过程中的任一个报告步开始继续运行下去,这个过程称为重启运算。初始条件可以定义为下面 3 种方式中的任意一种。

1)平衡法

平衡法是在油水界面和一参考深度处压力的基础上,定义各处各相初始饱和度和静压梯度的方法。ECLIPSE 假设压力饱和度都是平衡的,因此,可以用平衡法对产注措施前的模拟进行初始化。但是,对于定义产注措施实施后的初始状态就不适用了。

2)枚举法

枚举法是显式定义各个网格初始饱和度和初始压力的方法。如果模型是在产注前用枚举法初始化的,那么油藏工程师就必须非常小心,要确保压力饱和度是一致的。若我们知道的全油藏区域的水相饱和度、毛管力和压力分布数据具有很高的精度,这种情况就非常适用于用枚举法来进行初始化的过程。但如果不是这种情况,那么压力和饱和度就是不一致的,此时模型就不稳定。原则上讲,枚举法可用于油藏开发期内任一阶段的初始化。但实际上,枚举法并不能用于生产过程中的模型初始化,因为 ECLIPSE 有其他的工具专门实现这项功能。

3)重启运算

重启运算是在前一步数模运算的中间结果或最终结果的基础上初始化模型的一种方法。根据指令,ECLIPSE 可以在运行过程中的任意时刻输出一个对模型的完整的、详尽的描述,包括压力、相饱和度、溶解气油比/溶解油气比。输出的这种描述文件是符合一定格式的,使得 ECLIPSE 可以读取,同时也可用于为另一个模拟过程创建初始条件。由于这种方法给出了每个网格的压力和饱和度,因此它和枚举法是非常相似的。重启运算非常适用在历史拟合完成后进行多重实现和生产预测运算,但并不适用于产注生产之前的初始条件定义。

在实际应用中,若用平衡法,则要给出在一个基准深度处的初始饱和度压力分布,这些数据可以从试井、测井、RFT 和 PLT 测试中得到;若用枚举法,则要给出初始状态时压力和饱和度的分布图,可以有多个不同的平衡区域。

4. 井数据

井数据提供井和完井位置、井和井组的产量和注入量,以及其他数据,如表皮系数、井半径及井控信息。

井数据按照历史拟合和生产预测分别在两个不同的表中显示。在进行历史拟合过程中，油藏工程师一口井一口井地给出测试相的产量，以此来推断油藏特征。在生产预测过程中，这些油藏特征被当作已知的最准确、最详尽的油藏描述特征，油藏工程师在其基础上根据一定的经济和设施限制进行油藏生产措施最优化设计。

在历史拟合过程中要指定井口位置、完井数据及测试注入量和产量。产量变化通常非常频繁，因此一般给的都是每月的产量。同时，在生产过程中还不可避免地会出现很多修井事件，因此在模拟运算进行的过程中，遇到产量变化或修井措施就会停下来进行处理，然后再继续运算下去。

在生产预测过程中，一般需要给出井口位置、完井数据、井筒内流体流动校正表、地面设施及其限制条件。同时，还要指出经济和操作工艺上的约束条件，在预测时间内，模拟在这些约束条件的限制下进行。ECLIPSE 根据约束条件计算相产量，并根据要求自动实施修井措施。

1.4.2　ECLIPSE 数值模拟步骤

每一个油藏数值模拟研究都是独一无二的，每一个所用的方法都不同。但是，仍然有一些通用的方法和可行的步骤。具体包括：①制订研究目标；②选择模拟的目标区域；③搜集数据；④检验数据的准确性和数据间的相关性；⑤选择最重要的信息；⑥简化数据量，以便于管理；⑦用平均压力和地面条件下的地质储量设计并建立一个粗糙的模型；⑧建立平面模型和截面模型来估计驱替效率和开采机理，并设计拟函数；⑨建立单井模型；⑩如果井太多，难以处理，则把井合并为"重叠井"或"虚拟井"；⑪储量拟合；⑫对一个 3D 的全油藏模型进行历史拟合；⑬对全油藏模型分区块进行历史拟合；⑭把所有拟合好的部分组合起来；⑮进行一个基本的生产预测运算；⑯为优化生产进行多重预测运算；⑰记录每一个阶段的运算结果；⑱如果有可能，删掉模型中多余的部分。

ECLIPSE 和其他同类软件都是用来帮助油藏工程师完成这些及其他相关目标的工具。但是，它们都只是一种辅助工具，不能代替油藏工程师的判断，也不能看作是"黑匣子"。

第2章 一维油水两相数值模拟

2.1 实习任务

1. 实习目的

(1)熟悉油藏数值模拟的上机工作流程。

(2)了解油藏数值模拟的资料需求。

(3)掌握 ECLIPSE 软件的基本操作。

2. 实习内容

(1)使用块中心网格系统建立一个一维的概念模型。

(2)完成一维油水两相的数值模拟。

(3)简单分析模拟结果。

3. 学时安排

4 学时课堂练习、4 学时课下练习。

2.2 具体内容

在电脑桌面创建一个文件夹,新建一个属于自己的目录,用来存放模拟数据,如图 2.1 所示。

双击 Schlumberger Simulation Launcher 图标启动 ECLIPSE 软件,单击启动 Office,如图 2.2所示。

选择新建的文件夹,用来存储模拟文件,如图 2.3 所示。

点击 File(文件),选择 New Project(新项目),新项目的存储位置为新建的文件夹,如图 2.4、图 2.5 所示。

点击 Data(数据)模块,进入数据输入与管理,如图 2.6 所示。

2.2.1 方案定义

点击 Case Definition(方案定义),定义模型基本属性,如图 2.7 所示。

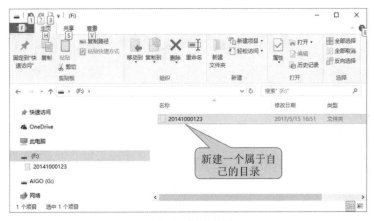

图 2.1　新建目录

图 2.2　启动 ECLIPSE 软件

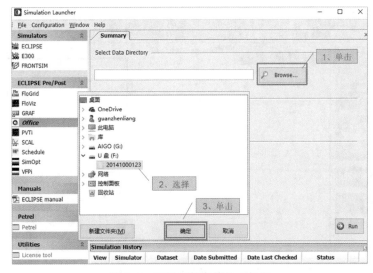

图 2.3　选择文件存储的文件夹

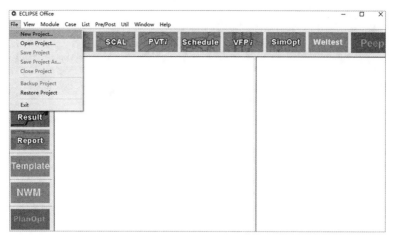

图 2.4 新建一个项目

图 2.5 选择项目存储文件夹

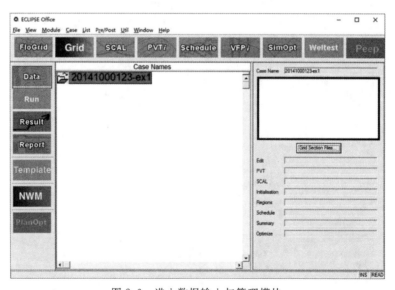

图 2.6 进入数据输入与管理模块

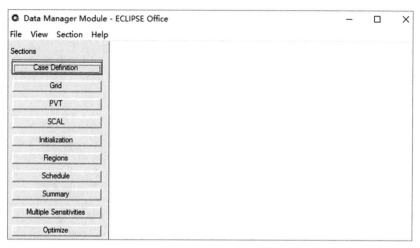

图 2.7　进入方案定义模块

1. 模拟器设置

模拟器设置如图 2.8 所示。

(1)选择模拟器:BlackOil(黑油模型)。

(2)定义方案名称:This is EX1 for 1D2P reservoir simulation(一维两相油藏模拟练习)。

(3)设置模拟开始时间。

(4)单位:Metric(公制单位)。

(5)选择模型尺寸。

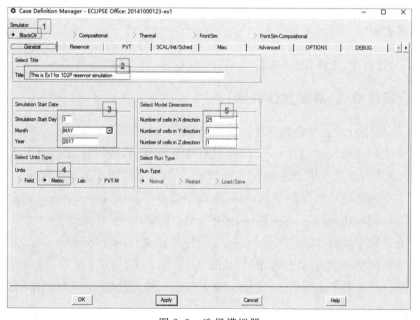

图 2.8　选择模拟器

2. 油藏基本设置

油藏基本设置如图 2.9 所示。

(1)网格类型:Cartesian(笛卡尔坐标系)。

(2)模型几何形状:BlockCentred(块中心)。

(3)岩石压实类型:Reversible(可逆的)。

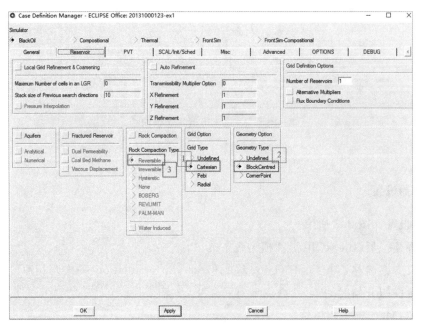

图 2.9 油藏基本设置

3. PVT 设置

在 PVT 的设置中,选择油、水两相,如图 2.10 所示。

2.2.2 网格数据(油藏数值模型)

点击 Grid(网格),进入网格数据设置模块,如图 2.11、图 2.12 所示。

设置 X 方向网格块尺寸。在 Geometry 选项中选择 X Grid Block Sizes(X 方向网格块尺寸),设置数值为 20,即 X 方向网格块尺寸为 20m,如图 2.13、图 2.14 所示。

设置 Y 方向网格块尺寸。在 Geometry 选项中选择 Y Grid Block Sizes(Y 方向网格块尺寸),选择 Y 方向网格块数与 X 方向相同,如图 2.15、图 2.16 所示。

设置 Z 方向网格块尺寸。在 Geometry 选项中选择 Z Grid Block Sizes(Z 方向网格块尺寸),选择 Z 方向网格块数与 X 方向相同,如图 2.17、图 2.18 所示。

设置顶深。点击 Depths of Top Faces(顶面深度),输入数值 2000 后点击 Apply(应用),如图 2.19、图 2.20 所示。

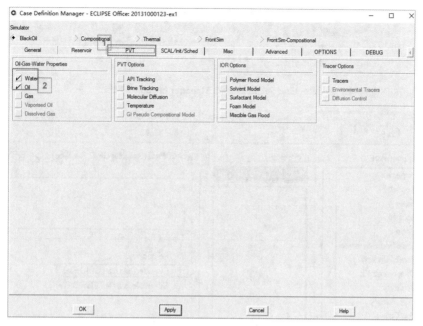

图 2.10　PVT 基本设置

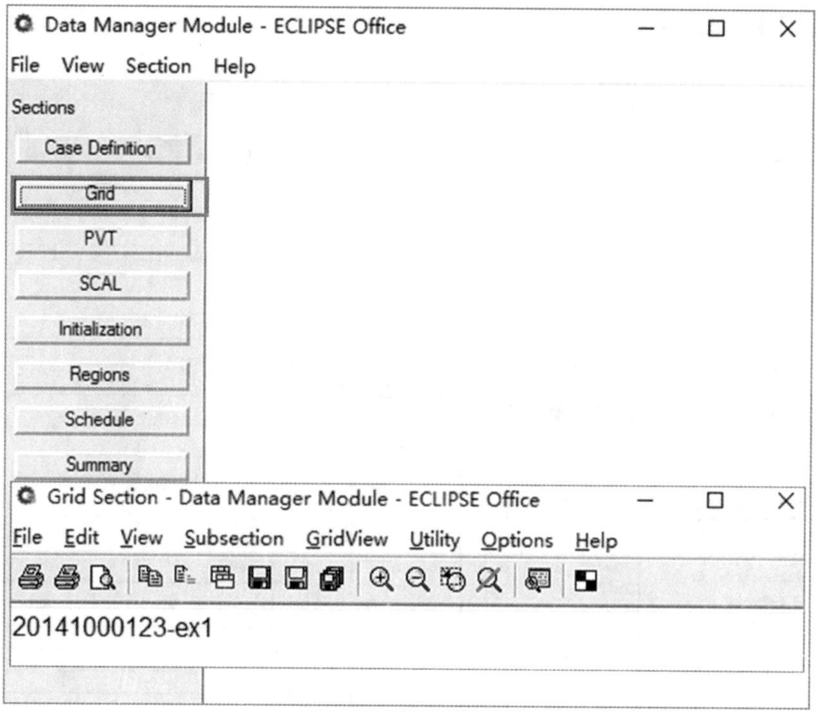

图 2.11　进入网格数据设置模块

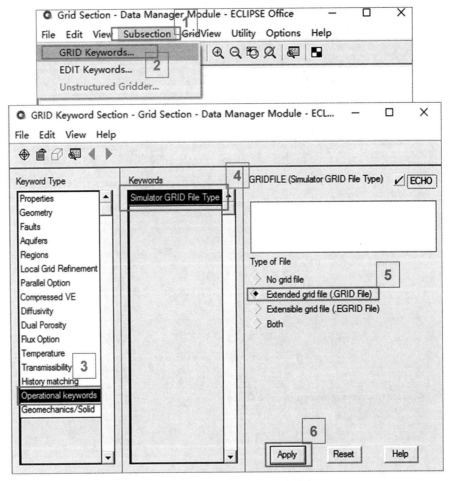

图 2.12　选择网格数据设置关键字

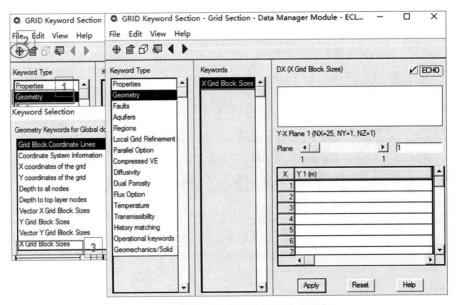

图 2.13　选取 X 方向网格块尺寸关键字

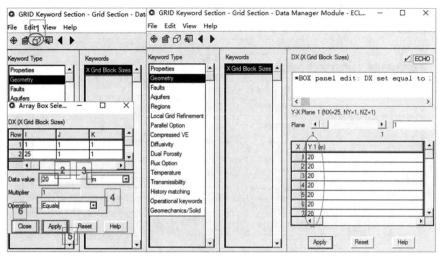

图 2.14　设置 X 方向网格块尺寸

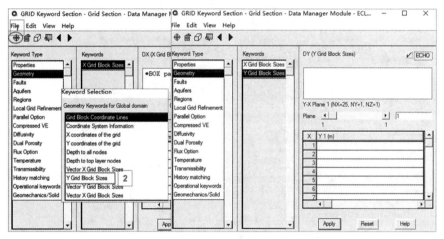

图 2.15　选取 Y 方向网格块尺寸关键字

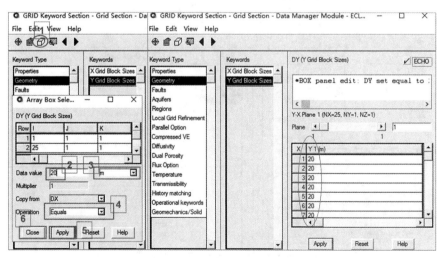

图 2.16　设置 Y 方向网格块尺寸

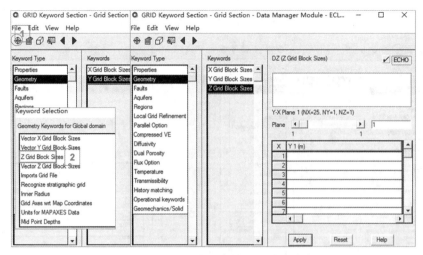

图 2.17　选取 Z 方向网格块尺寸关键字

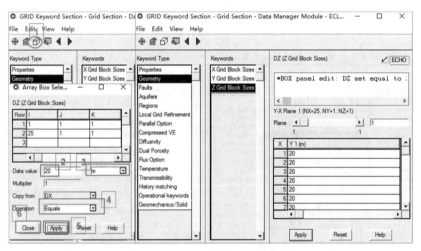

图 2.18　设置 Z 方向网格块尺寸

图 2.19　进入顶深设置

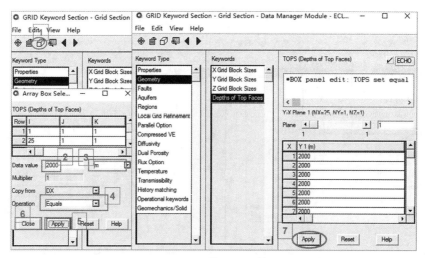

图 2.20　输入顶深值

设置油层 Net Thickness(净厚度)或者 Net to Gross Thickness Ratios(净总比)。以净总比为例,点击 Net to Gross Thickness Ratios,设置油层净总比值为 0.8 后点击 Apply(应用),如图 2.21、图 2.22 所示。

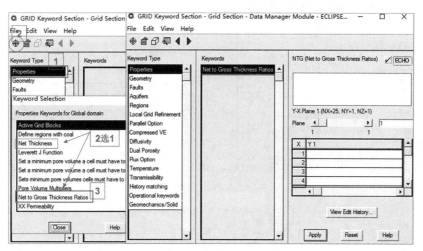

图 2.21　进入净总比设置

设置 X 方向的渗透率值。在 Properties(属性)选项中选择 PERMX(X 方向渗透率),设置PERMX 的值为 100mD($1\text{mD}=1\times10^{-3}\ \mu\text{m}^2$),即 X 方向渗透率为 100mD,如图 2.23、图 2.24所示。

设置 Y 方向的渗透率值。在 Properties(属性)选项中选择 PERMY(Y 方向渗透率),设置 PERMY 的值为 100mD,即 Y 方向渗透率为 100mD,如图 2.25、图 2.26 所示。

设置 Z 方向的渗透率值。在 Properties(属性)选项中选择 PERMZ(Z 方向渗透率),设置 PERMZ 的值为 10mD,即 Z 方向渗透率为 10mD,为水平方向的 1/10,如图 2.27、图 2.28 所示。

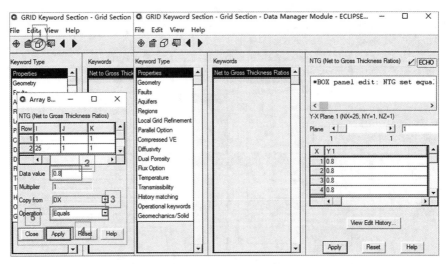

图 2.22　设置净总比值

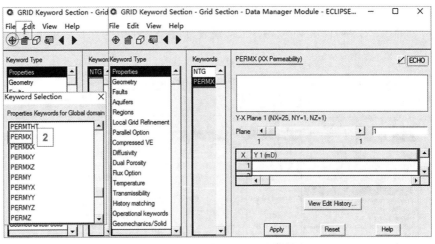

图 2.23　进入 X 方向渗透率设置

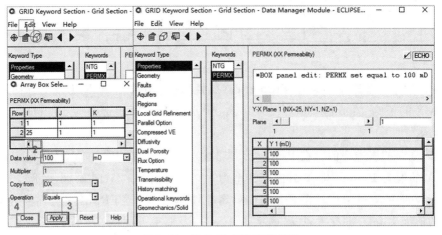

图 2.24　设置 X 方向渗透率值

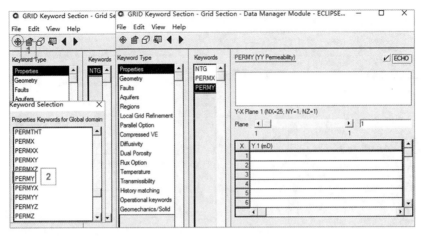

图 2.25　进入 Y 方向渗透率值设置

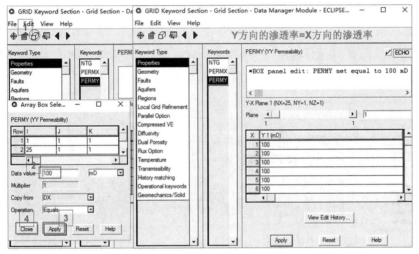

图 2.26　设置 Y 方向渗透率值

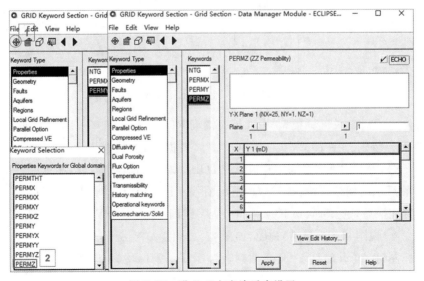

图 2.27　进入 Z 方向渗透率设置

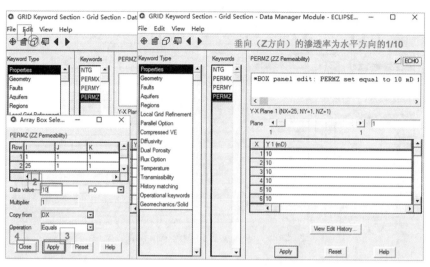

图 2.28　设置 Z 方向渗透率值

　　设置网格块孔隙度值。在 Grid block porosity values(网格块孔隙度值)选项中,设置其值为0.2,即地层孔隙度为 0.2,如图 2.29、图 2.30 所示。

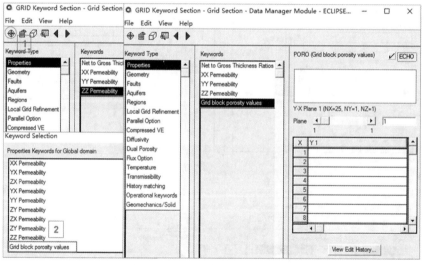

图 2.29　进入网格块孔隙度设置

　　在 Keyword Type(关键词类型)中选择关键词 Report Levels for Grid Section Data,设置网格数据的报告级别。在 Keyword data(关键词数据)的对话框中手工输入'DX''DY''DZ''PERMX''PERMY''PERMZ''PORO''NTG''TOPS',或者不填写内容,在 RPTGRID 后换行并加入'/'。然后退出网格参数输入窗口,退出前一定选择 Apply(应用),如图 2.31 所示。

　　网格设置完成后,选择 From Keywords(从关键词)进入 GridView(网格视图),查看网格模型的 2D(二维)视图和 3D(三维)视图,如图 2.32~图 2.35 所示。

　　按住鼠标左键,可以旋转三维模型;按住 Ctrl+鼠标中间键,可以缩放三维模型,如图 2.36、图 2.37 所示。

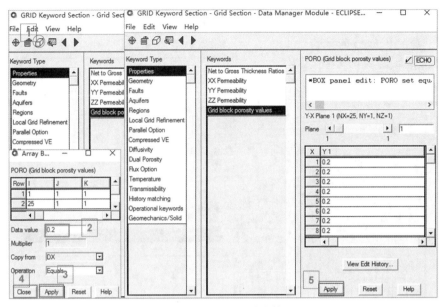

图 2.30　设置孔隙度值

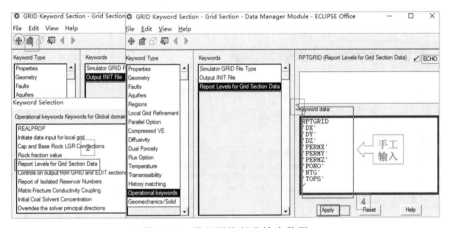

图 2.31　设置网格部分输出数据

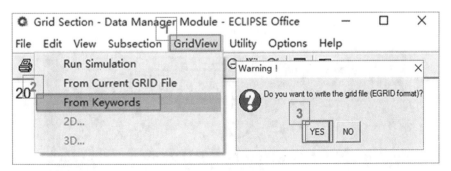

图 2.32　进入网格视图

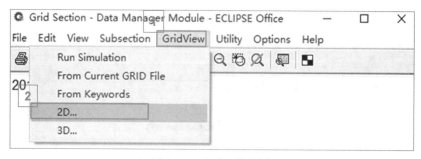

图 2.33　查看二维视图

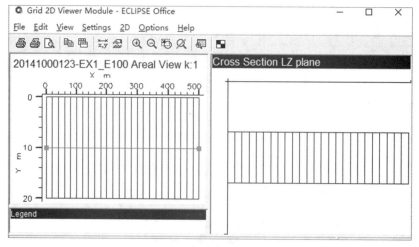

图 2.34　网格二维视图

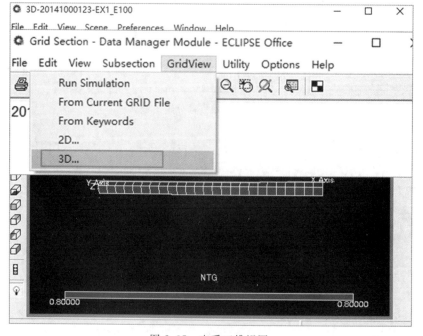

图 2.35　查看三维视图

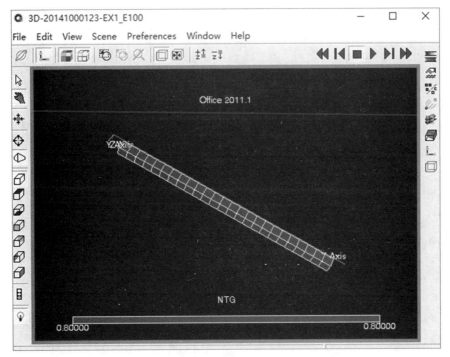

图 2.36　旋转三维视图

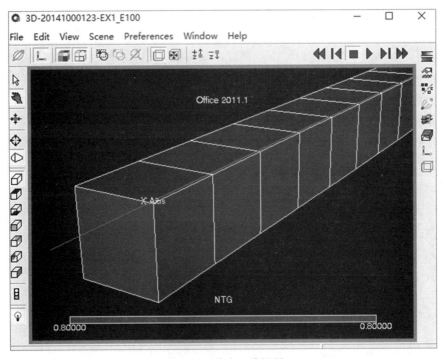

图 2.37　放大三维视图

　　进一步地了解截面其他所有按钮功能,查看模型中的属性是否齐全,然后退出,并保存数据,如图 2.38 所示。

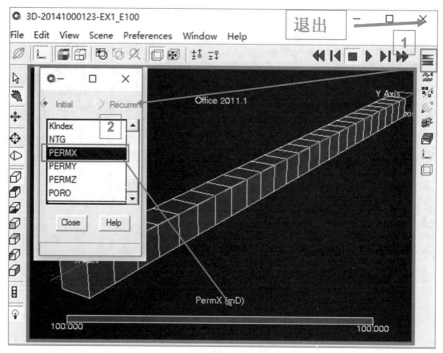

图 2.38　退出网格数据输入模块

2.2.3　输入流体高压物性数据

在 ECLIPSE Office 界面,选择 PVT 部分。在流体 PVT 设置中,首先设置油相 PVT 属性。在 Keywords 部分选择 Dead Oil PVT Properties(死油,即脱气原油的 PVT 性质),设置 Reference pressure(Pref,参考压力)为 200bar[①],Oil formation volume factor at Pref(参考压力下的原油地层系数)为 $1.01\mathrm{m^3/sm^3}$[②],Oil compressibility(原油压缩系数)为 $9.6\times10^{-5}/\mathrm{bar}$,Oil viscosity at Pref(参考压力下的原油黏度)为 2.65cP[③],Oil viscosibility(原油黏性系数)为 $2.3\times10^{-6}/\mathrm{bar}$。如图 2.39 所示。

设置流体密度。在 Keywords 部分选择 Fluid Densities at Surface Conditions(地面条件下流体密度),设置 Oil density(油相密度)为 $840\mathrm{kg/m^3}$,Water density(水相密度)为 $1000\mathrm{kg/m^3}$,Gas density(气相密度)为 $0.9\ \mathrm{kg/m^3}$,如图 2.40 所示。

设置水相 PVT 属性。在 Keywords 部分选择 Water PVT Properties(水的 PVT 性质),设置 Reference pressure(Pref,参考压力)为 200bar,Water FVF at Pref(参考压力下水的体积系数)为 $1\mathrm{m^3/sm^3}$,Water compressibility(水的压缩系数)为 $2.4\times10^{-5}/\mathrm{bar}$,Water viscosity at Pref(参考压力下水的黏度)为 0.28cP,Water viscosibility(水的黏性系数)为 $1.8\times10^{-6}/\mathrm{bar}$,如图2.41 所示。

---

① 1bar=100kPa.

② sm=short meter,短米,1sm≈90cm。

③ 1cP=10^{-3}Pa・s.

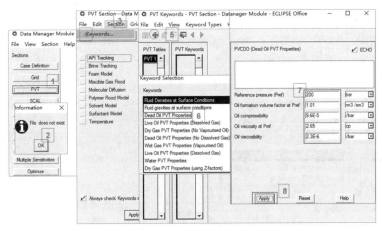

图 2.39　设置油相基本 PVT 属性

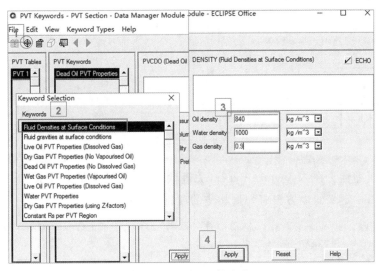

图 2.40　设置流体密度

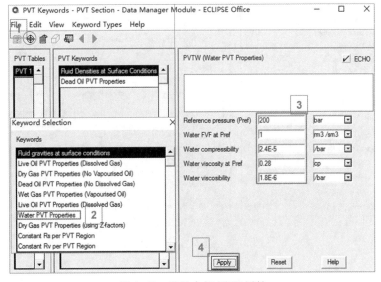

图 2.41　设置水相 PVT 属性

设置溶解气油比。在 Keywords 部分选择 Constant Rs per PVT Region(每个 PVT 区的溶解气油比),设置 Dissolved gas conc(Rs,溶解气油比)为 $20\mathrm{sm}^3/\mathrm{sm}^3$,Bubble point pressure(泡点压力)为 10bar,如图 2.42 所示。

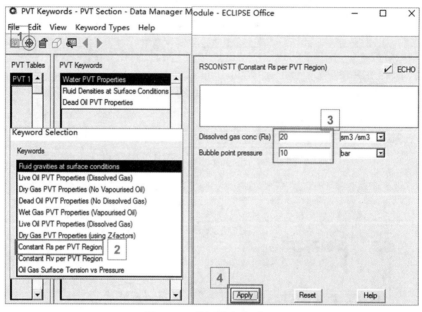

图 2.42　设置溶解气油比

设置岩石压缩性。在 Keyword Types(关键词类型)下拉菜单选择 Rock Tables,若该项不可选,则是 Case 定义的地方没有勾选相应的项目,如图 2.43 所示。

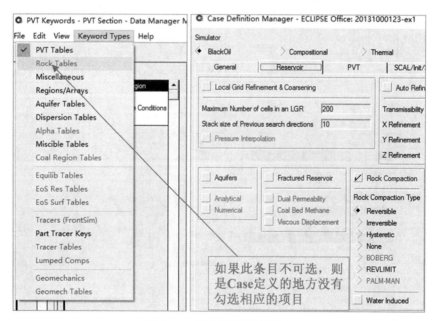

图 2.43　进入岩石属性设置

设置岩石属性。在 Keywords 部分选择 Rock Tables(岩石属性),设置 Reference pressure(参考压力)为 200bar,Rock compressibility(岩石压缩系数)为 1.45×10^{-5}/bar,如图 2.44 所示。

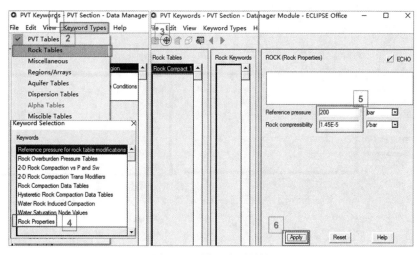

图 2.44　设置岩石属性

加入分区数据。也可以在 Regions 部分做这项工作,在 Keywords Types 下选择 Regions/Arrays(区域/数组),如图 2.45 所示。

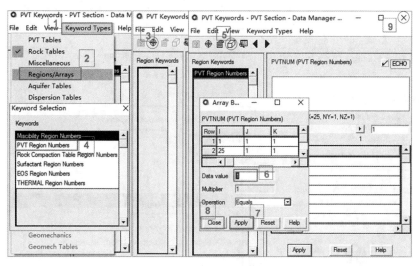

图 2.45　加入分区数据

最后,保存 PVT 数据后退出,如图 2.46 所示。

2.2.4　特殊岩芯分析数据(相对渗透率及毛管压力)

在 ECLIPSE Office 界面点击 SCAL 模块,在 Keywords Types(关键词类型)下选择 Water/ oil saturation functions versus water saturation(水/油相对渗透率与含水饱和度的函数),如图 2.47 所示。

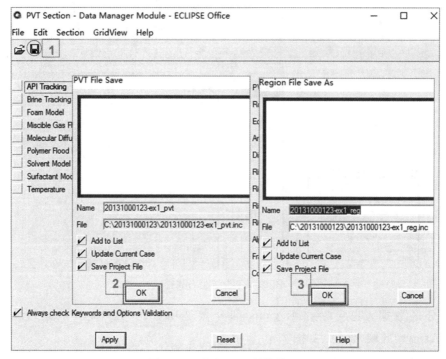

图 2.46 退出 PVT 属性设置

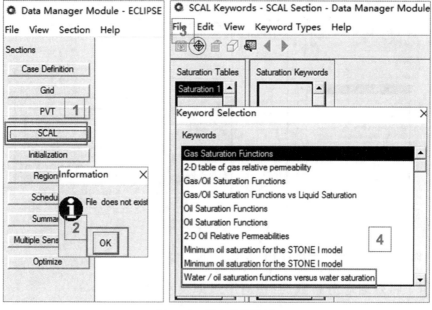

图 2.47 进入相渗设置

选择 Table Import(输入表格)后点击 From Clipboard…(从剪切板),将相对渗透率表里的数值进行复制和粘贴,如图 2.48 和表 2.1 所示。

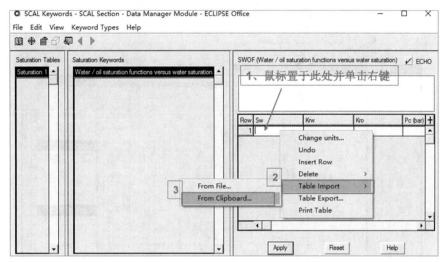

图 2.48 从剪切板输入相渗数据

表 2.1 相对渗透率数据表

含水饱和度 S_w	水相相对渗透率 K_{rw}	油相相对渗透率 K_{ro}	毛管压力 Pc /bar
0.2	0	1	0
0.229	0.000 1	0.740 7	0
0.255	0.000 3	0.682 9	0
0.308	0.001 2	0.572 2	0
0.334	0.002 3	0.519 4	0
0.412	0.010 2	0.371 5	0
0.464	0.021 9	0.152 6	0
0.557	0.041 6	0.082 2	0
0.6	0.072 1	0.020 0	0
0.64	0.144 8	0.005 0	0
0.7	0.178 0	0.000 3	0
0.77	0.260 4	0	0
1	1	0	0

进一步地,查看输入的相对渗透率曲线,然后关闭,如图 2.49 所示。

加入饱和度方程分区。在 Keywords Types(关键词类型)下选择 Regions/Arrays(分区),在 Keywords 中选择 Saturation Function Region Numbers(饱和度方程分区),如图 2.50、图 2.51 所示。

最后将数据保存后退出,如图 2.52 所示。

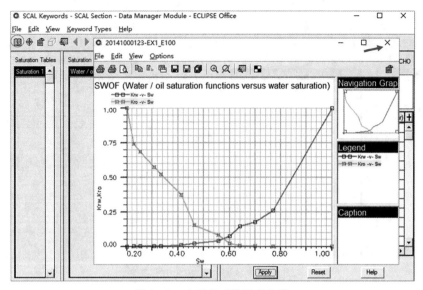

图 2.49　查看相对渗透率曲线

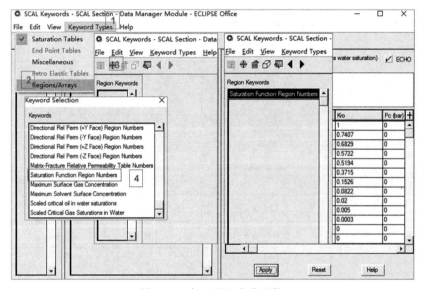

图 2.50　加入饱和度分区数

2.2.5　输入初始化数据(定义初始条件)

在 ECLIPSE Office 界面点击 Initialization(初始化)，在 Equilibration Region(平衡分区)选择 Equilibration Data Specification(平衡数据)，设置 Datum Depth(基准面)深度为 2020m，Pressure at Datum Depth(基准面深度处压力)为 202bar，WOC Depth(Water-Oil-Contact，油水界面深度)为 2050m，如图 2.53、图 2.54 所示。

加入平衡分区。在 Keywords Types 下选择 Regions/Arrays(分区)，然后选择 Equilibration Region Numbers(平衡分区数)，如图 2.55、图 2.56 所示。

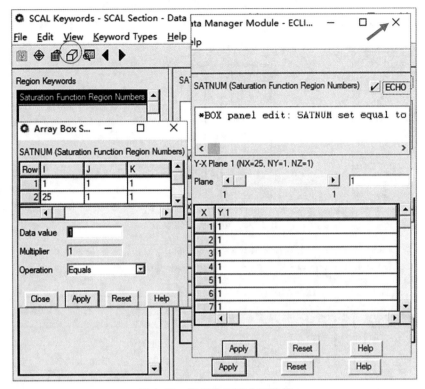

图 2.51　设置饱和度分区数值

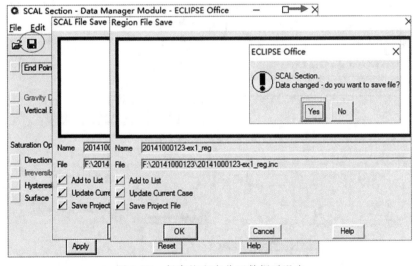

图 2.52　保存饱和度分区数据后退出

在 Keywords Types 下的 Regions/Arrays 选择 Initialisation Print Output（初始化打印输出），如图 2.57 所示。

进一步地，在 Keywords 选择 Restart File Output Control（重启文件输出控制），然后 Apply（应用）并关闭，保存设置，如图 2.58、图 2.59 所示。

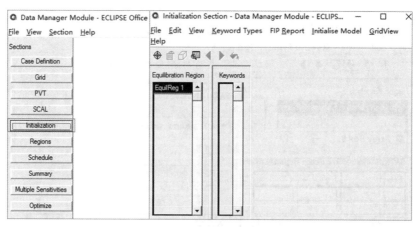

图 2.53　进入初始化设置

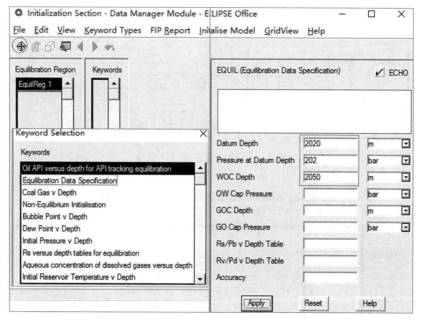

图 2.54　设置初始化数据值

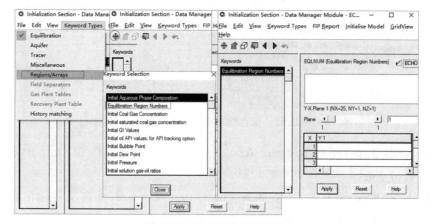

图 2.55　进入平衡分区设置

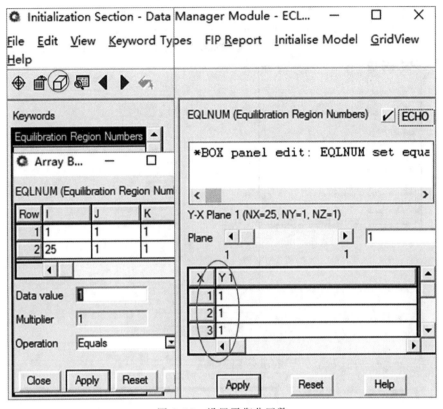

图 2.56 设置平衡分区数

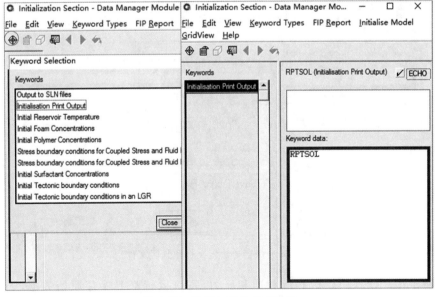

图 2.57 选择初始化打印输出

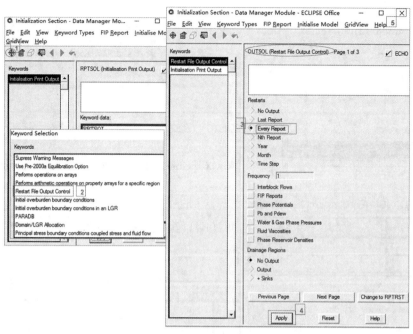

图 2.58　重启文件输出控制

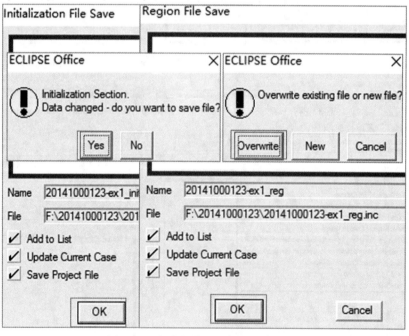

图 2.59　保存初始化文件和分区文件

平衡初始化。计算初始饱和度和饱和压力,每次运行都要保存原始数据,如图 2.60、图 2.61所示。

如果看到如图 2.62 所示的窗口,说明没有错误,接着往下做。

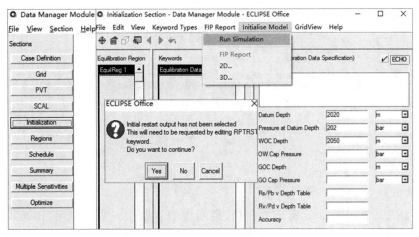

图 2.60　平衡初始化

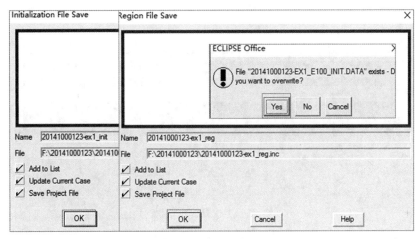

图 2.61　保存原始文件

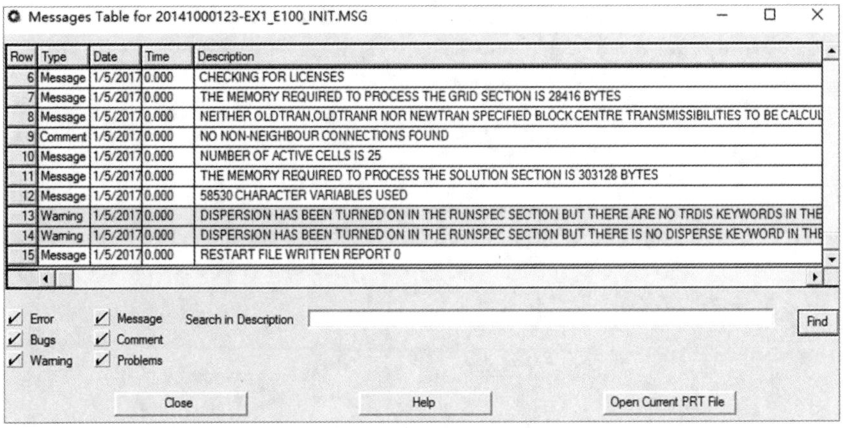

图 2.62　Warning 表示还可以继续做

　　若出现如图 2.63 所示的窗口,说明模型有错误。错误说明:在 RPTGRID 关键字后缺失了"/"。消除方法:回到 GRID 部分,在 RPTGRID 关键字后加上"/"。

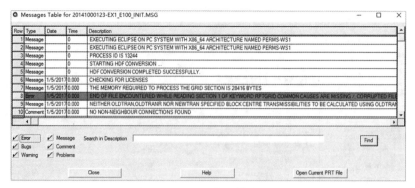

图 2.63　Error 表示模型错误

若出现如图 2.64、图 2.65 所示的窗口，说明模型有错误。错误说明：ROCK 与 ROCK-COMP 关键字不匹配。消除方法：回到 Case Definition 部分，在 Reservoir 选项卡中去掉 Rock Compaction 上的勾。

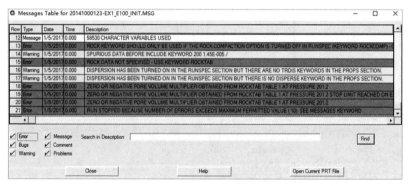

图 2.64　检查模型错误

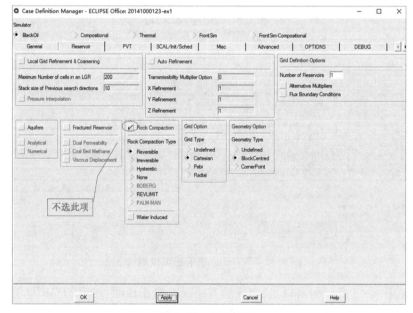

图 2.65　修正模型

接着,观察所建模型的储量,如图 2.66 所示。

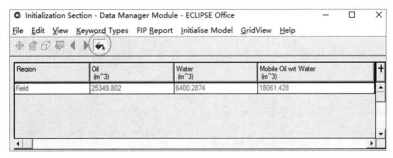

图 2.66　观察模型储量

还可以选择查看三维视图下模型的其他参数,如 SOIL(含油饱和度)、SWAT(含水饱和度)等,如图 2.67 所示。

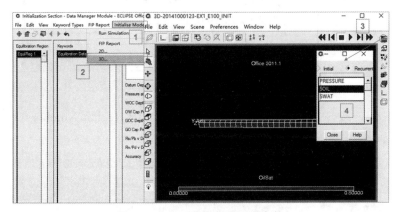

图 2.67　在三维视图下查看参数

最后,保存数据,退出初始化数据录入模块,如图 2.68 所示。

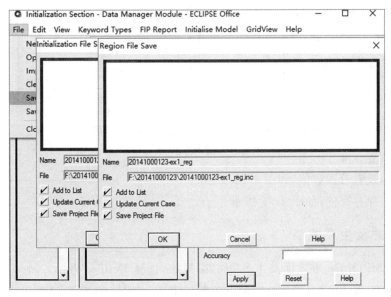

图 2.68　保存数据后退出

2.2.6 输入分区数据

在 ECLIPSE Office 主界面点击 Regions(分区)。如果在前面的工作中已输入了分区数据,则在 Region Data(分区数据)已经有了相关的数据了,如图 2.69 所示。

图 2.69 进入分区设置

然后,在 Keyword Selection(关键词选择)中选择 FIP Region Numbers(Fluid-in-place,流体分区数),如图 2.70 所示。

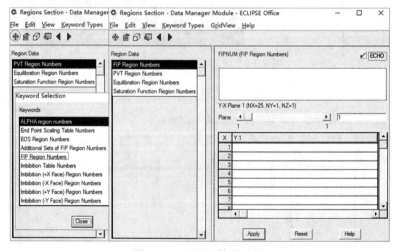

图 2.70 选择流体分区数

进一步地,设置分区数值,如图 2.71 所示。

退出分区,保存文件,如图 2.72 所示。

2.2.7 井及生产控制

在 ECLIPSE Office 主界面点击 Schedule 模块,选择 Define Wells, Groups & Connections(定义井、组)及 Well Specification(井说明),定义一口井,如图 2.73 所示。

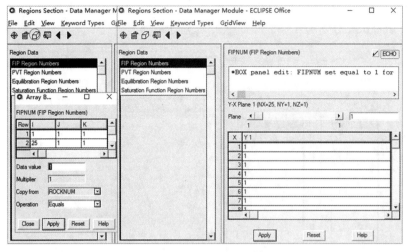

图 2.71　设置分区数值

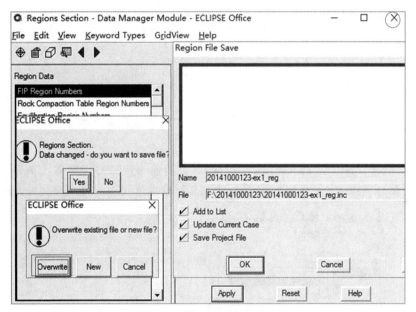

图 2.72　保存分区设置后退出

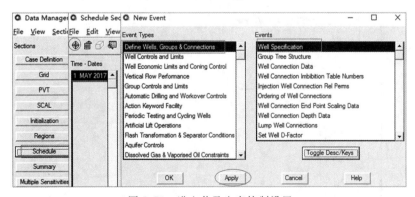

图 2.73　进入井及生产控制设置

定义 Well（井名）。定义 Well 为 P1（P 代表生产井，Production），Group（井组）为 P，I Location、J Location 分别为 13 和 1，如图 2.74 所示。

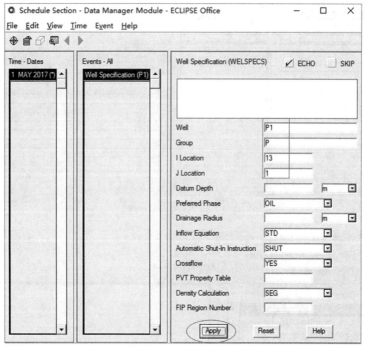

图 2.74　设置井名

定义射孔位置。选择 Well Connection Data（井的连通数据），设置 K Upper 和 K Lower（K 方向最大和最小网格数）均为 1，Well bore ID（井筒直径）0.2m，如图 2.75 所示。

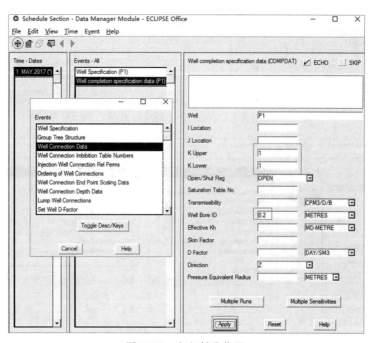

图 2.75　定义射孔位置

定义井的生产方式。选择 Well Controls and Limits(井控制和约束条件)下的 Production Well Control(生产井控制),定义生产井 P1 的状态为 OPEN(开井),Control(控制方式)为 ORAT(定产油量),Oil Rate(产油量)为 50sm³/day,BHP Target(Bottom Hole Pressure)井底流压为 20bar(1bar=1barsa),如图 2.76、图 2.77 所示。

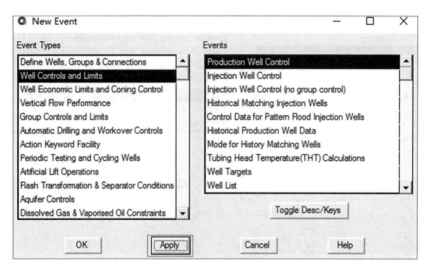

图 2.76　定义井的生产方式

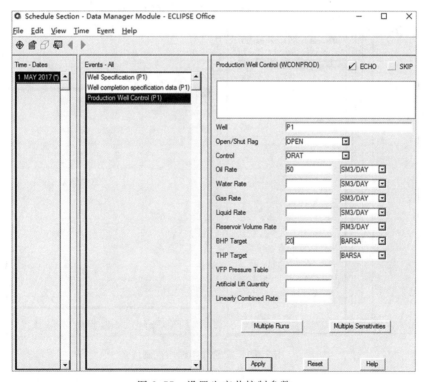

图 2.77　设置生产井控制参数

设定输出控制。在 Output(输出)选择 Print File Output Control(打印文件输出控制),在 Keyword data 输入 RPTSCHED 加"/"后点击 Apply(应用),如图 2.78、图 2.79 所示。

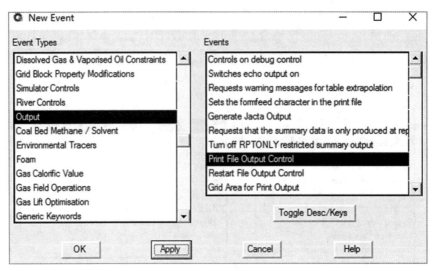

图 2.78　设定输出控制

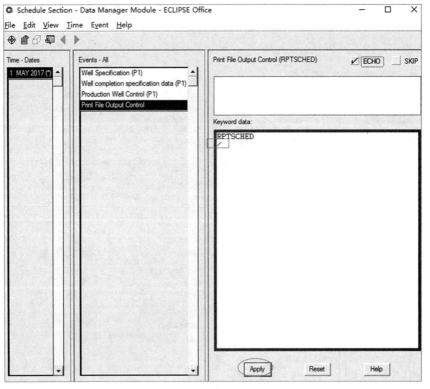

图 2.79　设置打印输出控制

　　设置重启。在 Output(输出)选择 Restart File Output Control(重启文件输出控制),在 Keyword data 输入 RPTRST 加"/"后点击 Apply(应用),如图 2.80、图 2.81 所示。

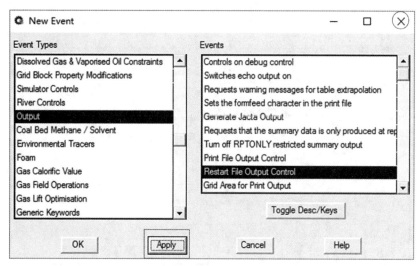

图 2.80 进入重启文件输出控制设置

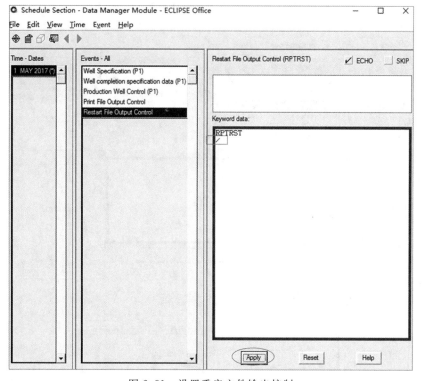

图 2.81 设置重启文件输出控制

插入时间点。在 Time(时间)下点击 Insert...(插入),设置 Time Step(步长)为 1mnth
(月),Num(数量)为 24,即从 2017 年 5 月 1 日开始,每隔 1 月取值,一共 24 个月,如图 2.82
所示。

最后,选择关闭并保存数据,如图 2.83 所示。

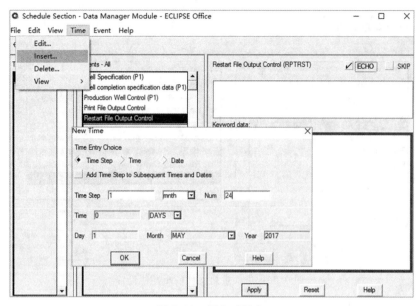

图 2.82　插入时间点

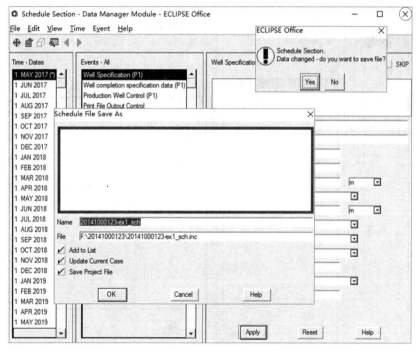

图 2.83　保存数据后退出

2.2.8　汇总数据输出控制

在 ECLIPSE Office 主界面点击 Summary（汇总），然后指定输出的油藏开发指标，如图 2.84所示。

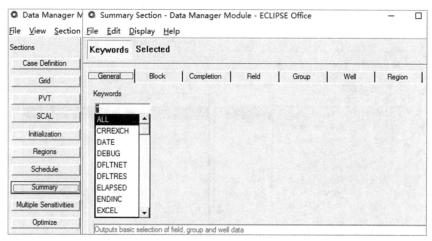

图 2.84　进入输出开发指标设置

在 Keywords Selected（关键字选择）下点击 Field（油田），Phases（相）选择 Oil（油相），Types（类型）选择 Production Rate（产量），Keywords（关键字）选择 FOPR（Field Oil Production Rate，油田产油量）；Types（类型）选择 Production Total（总产量），Keywords（关键字）选择 FOPT（Field Oil Production Total，油田总产油量），如图 2.85、图 2.86 所示。

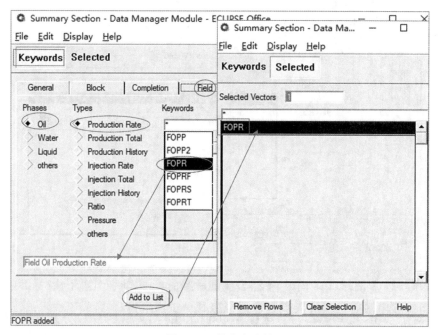

图 2.85　输出产油量

在 Types（类型）选择 Production History（生产历史），Keywords（关键字）选择 FOPRH（Field Oil Production Rate History，油田产油量历史）和 FOPTH（Field Oil Production Total History，油田总产油量历史），如图 2.87 所示。

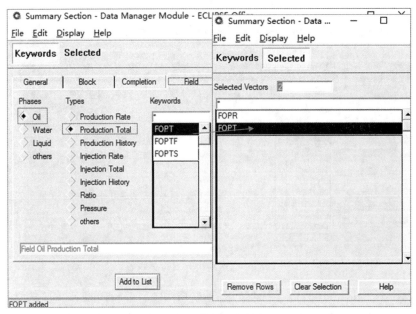

图 2.86　输出总产油量

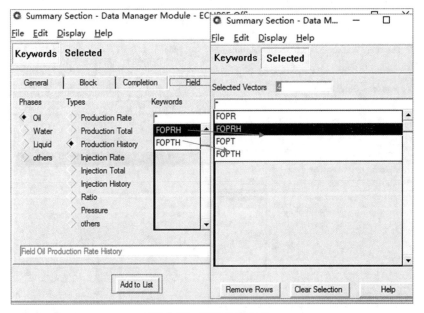

图 2.87　输出生产历史

同理,对于水相,在 Phases(相)选择 Water(水相),Types(类型)分别选择 Production Rate(产水量)、Production Total(总产水量)和 Production History(产水历史),对应的 Keywords(关键字)分别选择 FWPR(油田产水量)、FWPT(油田总产水量)、FWPRH(油田产水量历史)、FWPTH(油田总产水量历史)。注:如果油田是注水开发,则以上的"产水"相应的应为"注水",如图 2.88~图 2.90 所示。

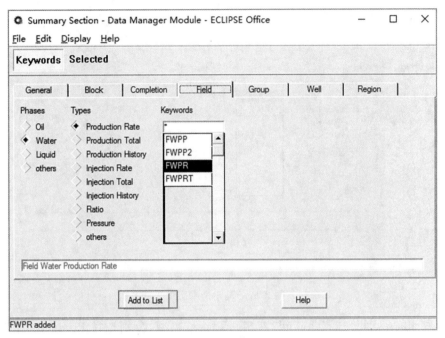

图 2.88　输出产水量等参数

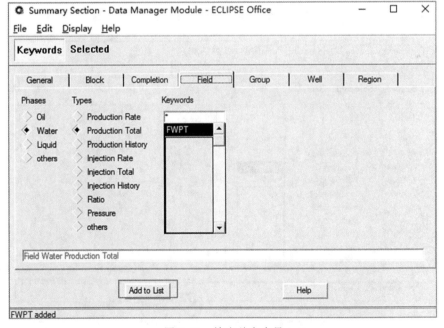

图 2.89　输出总产水量

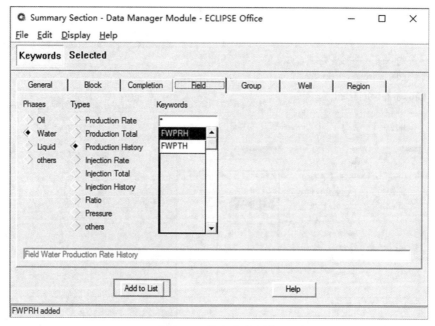

图 2.90　输出产水历史

　　同理,在 Phases(相)选择 Liquid(液相),Types(类型)分别选择 Production Rate(产液量)、Production Total(总产液量)和 Production History(产液历史),对应的 Keywords(关键字)分别选择 FLPR(油田产液量)、FLPT(油田总产液量)、FLPRH(油田产液量历史)、FLPTH(油田总产液量历史),如图 2.91～图 2.93 所示。

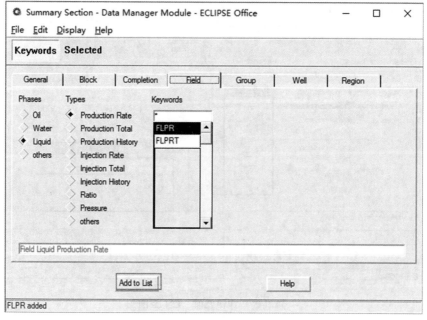

图 2.91　输出产液量参数

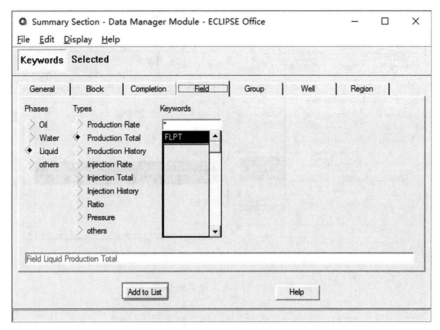

图 2.92　输出总产液量

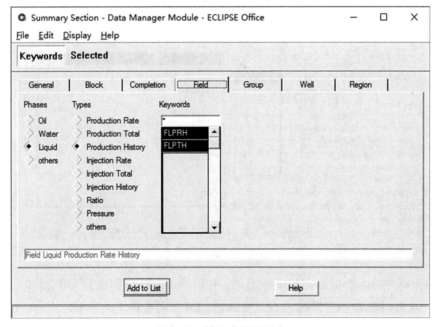

图 2.93　输出产液量历史

在 Phases(相)选择 Others(其他),在 Keywords(关键字)分别选择 FWCT(Field Water Cut Total,油田总含水率)、FWCTH(Field Water Cut Total History,油田总含水率历史)、FPR(Field Pressure,油田压力),如图 2.94、图 2.95 所示。

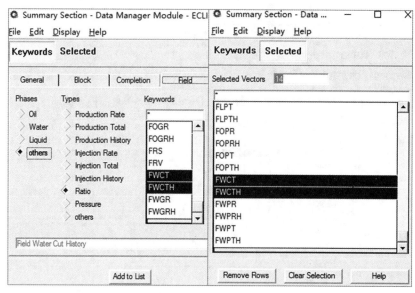

图 2.94　输出其他油藏参数

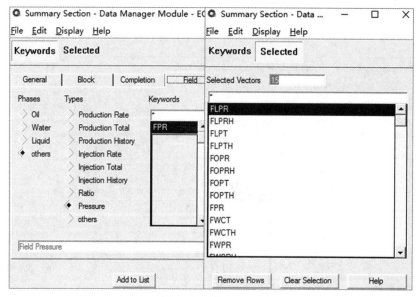

图 2.95　输出压力

指定输出单井的生产指标。与全区类似,在 Phases(相)分别选择 Oil(油相)、Water(水相)、Liquid(液相)和 Others(其他);在 Types(类型)分别选择 Production Rate(产量)、Production Total(总产量)和 Production History(产量历史);在 Keywords(关键字)选择 WOPR(Well Oil Production Rate,单井产油量)、WOPT(Well Oil Production Total,单井总产油量)、WOPRH(Well Oil Production Rate History,单井产油量历史)、WWPT(Well Water Production Total,单井总产水量)、WWPTH(Well Water Production Total History,单井总产水历史)、WLPR(Well Liquid Production Rate,单井产液量)、WLPT(Well Liquid Production Total,单井总产液量)、WLPTH(Well Liquid Production Total History,单井总产液量历史)、WWCT(Well Water Cut Total,单井总含水率)、WWCTH(Well Water Cut Total History,单井总含水率历史)、WBHP(Well Bottom Hole Pressure,井底压力),如图 2.96~图 2.106 所示。

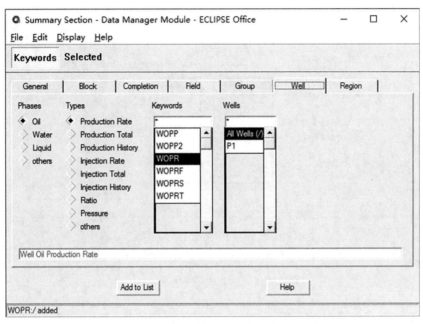

图 2.96 输出单井产油量

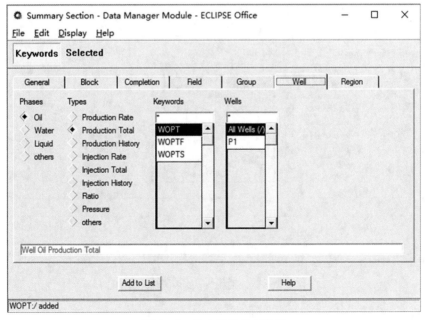

图 2.97 输出单井总产油量

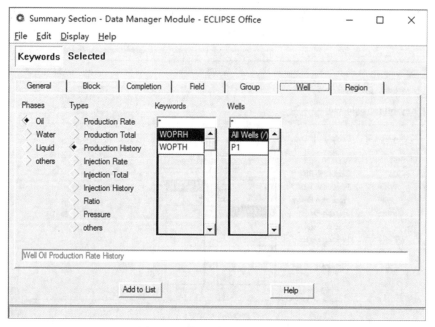

图 2.98　输出单井产油量历史

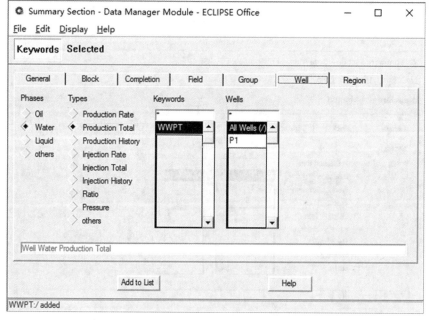

图 2.99　输出单井总产水量

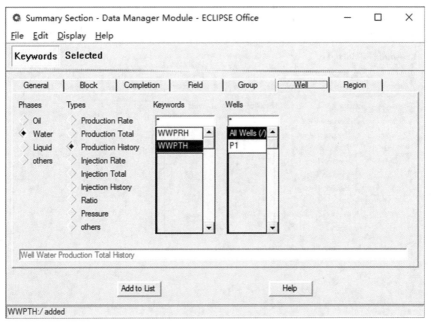

图 2.100　输出单井总产水历史

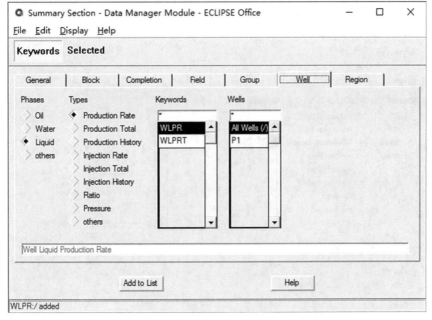

图 2.101　输出单井产液量

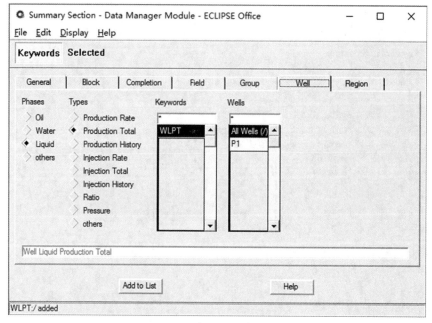

图 2.102 输出单井总产液量

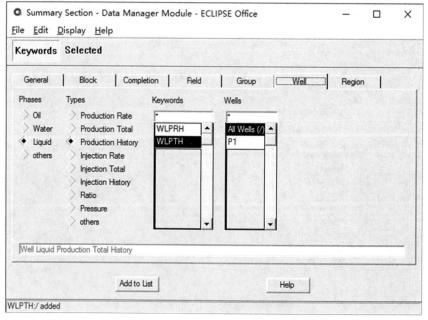

图 2.103 输出单井总产液量历史

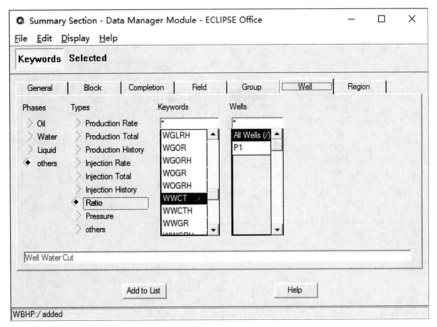

图 2.104　输出单井总含水率

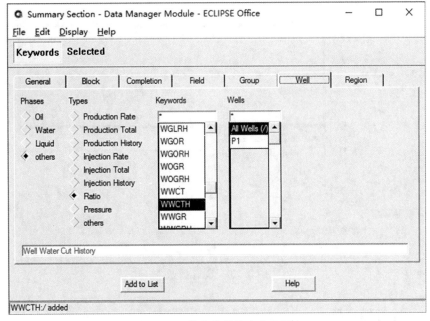

图 2.105　输出单井总含水率历史

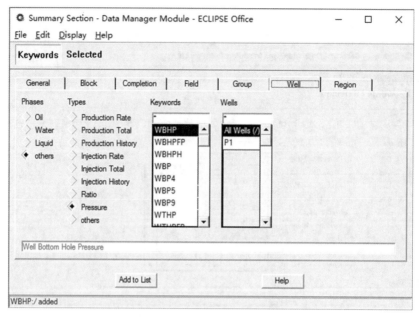

图 2.106　输出井底压力

最后,保存数据,退出模块,如图 2.107、图 2.108 所示。

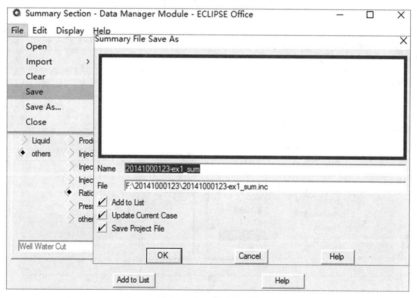

图 2.107　保存数据

2.2.9　运行模拟器

在 ECLIPSE Office 主界面点击 Run(运行),如图 2.109 所示。

在弹出框中选择 Go(开始),如图 2.110、图 2.111 所示。

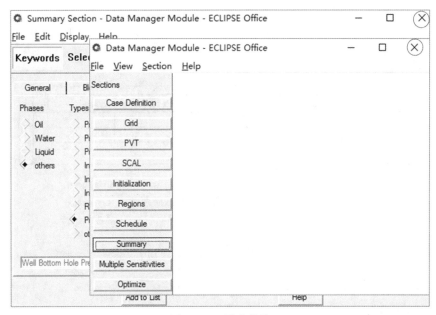

图 2.108　退出模块

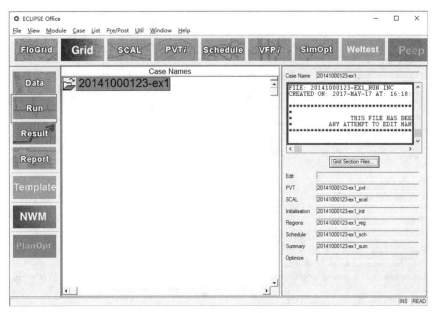

图 2.109　进入运行模块

　　如果这里报出错误,极可能是在 Regions 部分多输入了 ROCK Compaction Table Region numbers。处理办法:回到 Regions 部分,删除 ROCK Compaction Table Region numbers。注意:这里只处理了 4%,运行结束的原因是油藏压力低于石油的泡点压力(饱和压力),如图 2.112、图 2.113 所示。

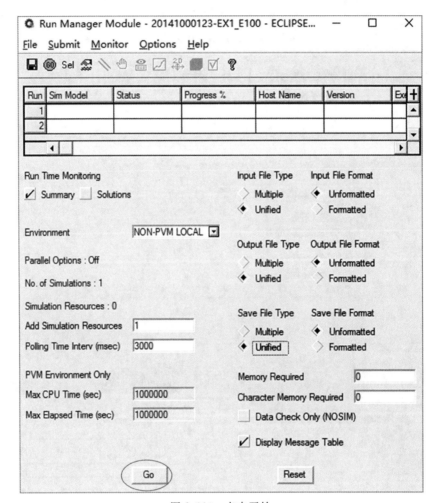

图 2.110　点击开始

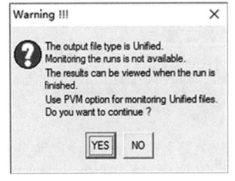

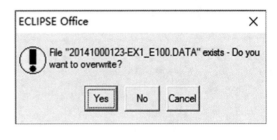

图 2.111　重写文件后继续运行

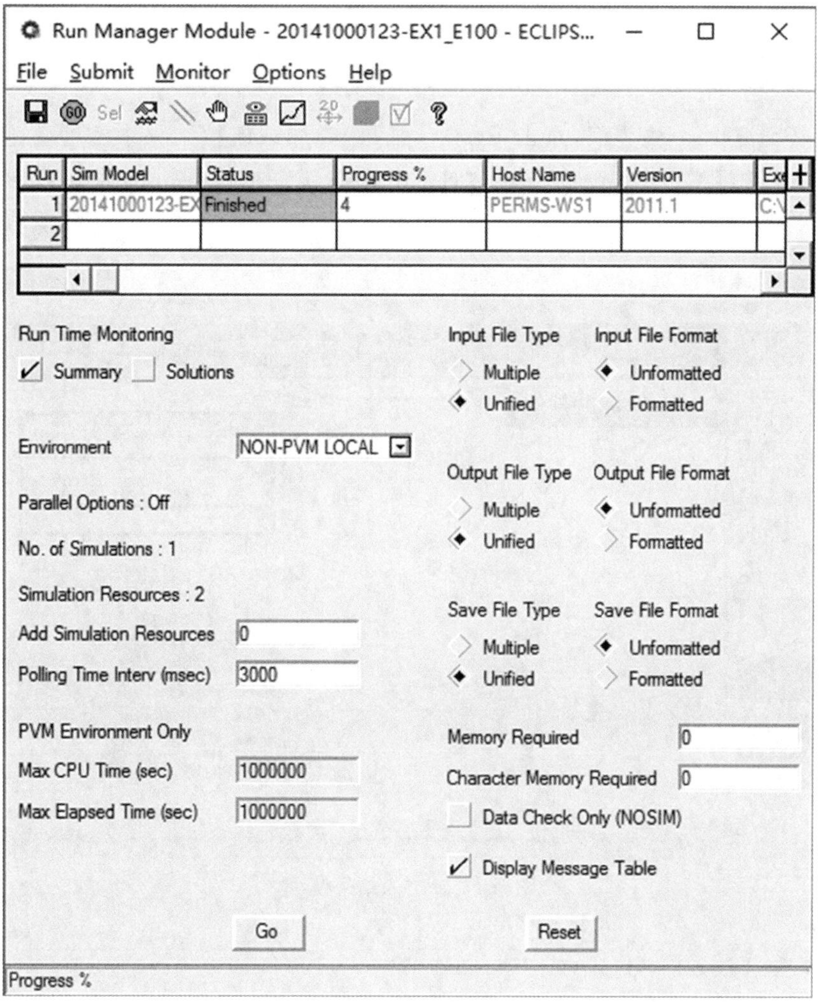

图 2.112　模型运行中

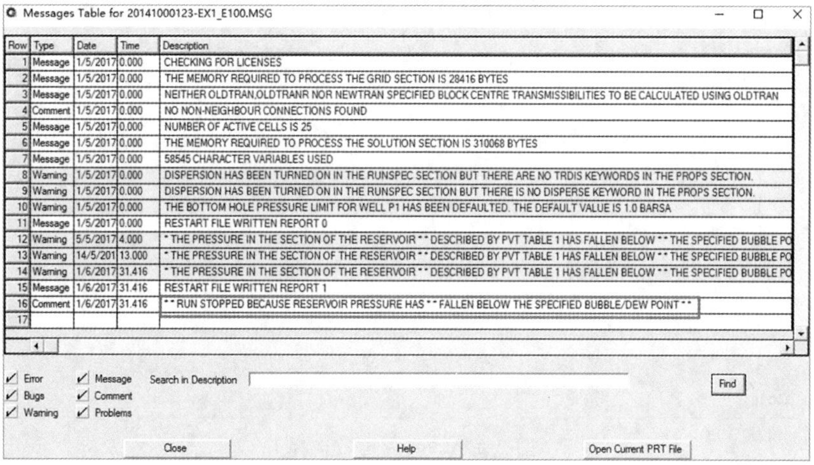

图 2.113　模型运行结束

2.2.10 查看模拟结果

在 ECLIPSE Office 主界面，点击 Result（结果）。加载模拟结果中的油藏地质体数据。在 File（文件）下选择 Open Current Case（打开当前案例）的 Solution...（求解），如图 2.114～图 2.117所示。

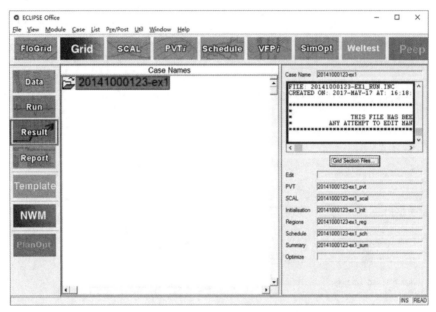

图 2.114　进入结果模块

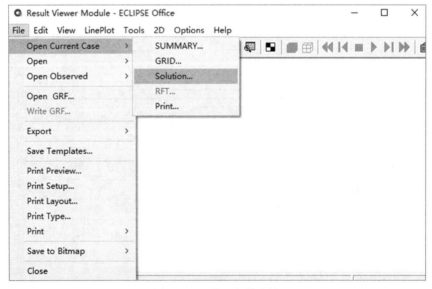

图 2.115　进入参数选择

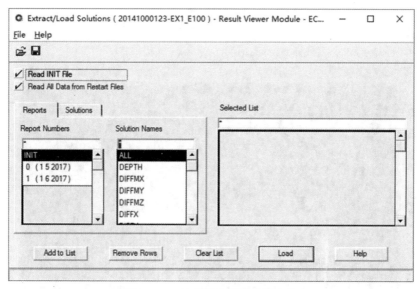

图 2.116　选择要查看的油藏参数

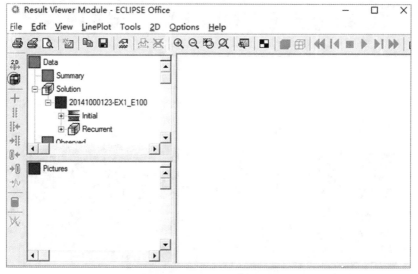

图 2.117　进入参数查看界面

查看不同参数的变化情况。

含油饱和度:由于生产时间短,含油饱和度变化很小,如图 2.118、图 2.119 所示。

地层压力:压力下降很快,仅生产 1 个月地层压力就降到在生产控制中定义的井底流压下限,油井丧失了生产能力,如图 2.120、图 2.121 所示。

加载模拟结果中的开发指标数据,如图 2.122、图 2.123 所示。

X 轴方向的向量选择 DATE(日期)、Y 轴方向的向量选择前文设置的开发指标,如图 2.124 所示。

查看油藏开发动态,全油藏的油产量很快就掉到 0,如图 2.125 所示。

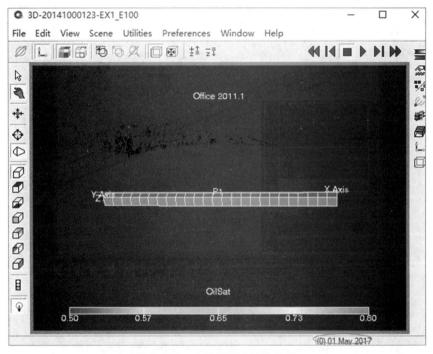

图 2.118　查看模型含油饱和度

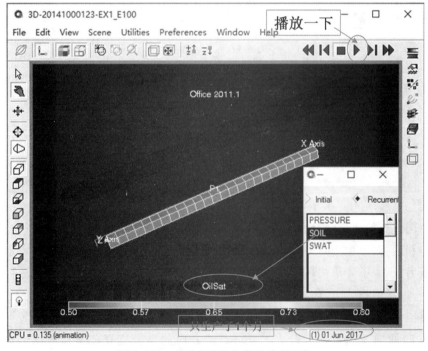

图 2.119　查看含油饱和度的动态变化

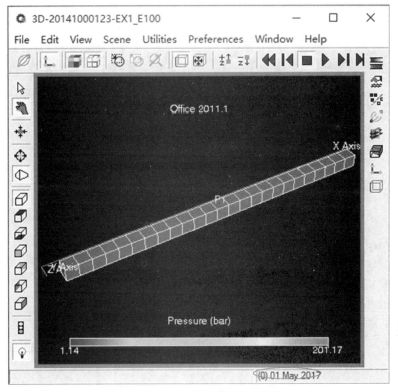

图 2.120　查看模型初始地层压力

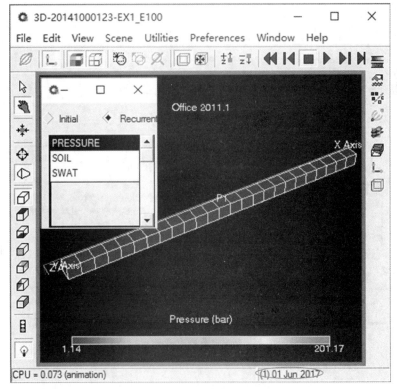

图 2.121　查看模型结束时的地层压力

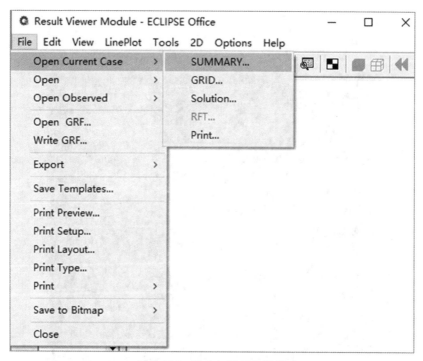

图 2.122　进入加载开发指标

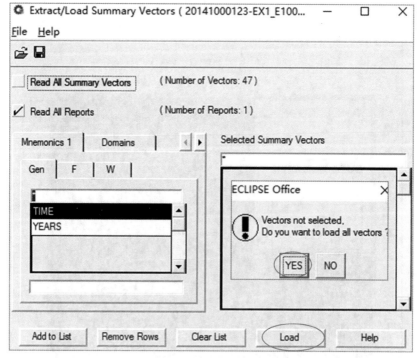

图 2.123　加载所有开发指标

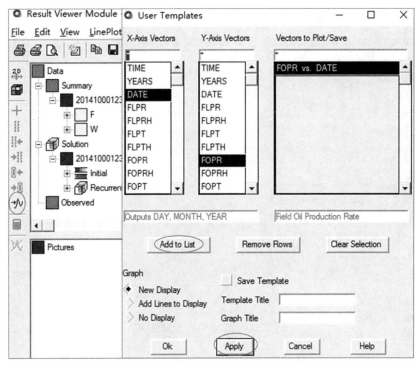

图 2.124　加载 X、Y 方向的变量

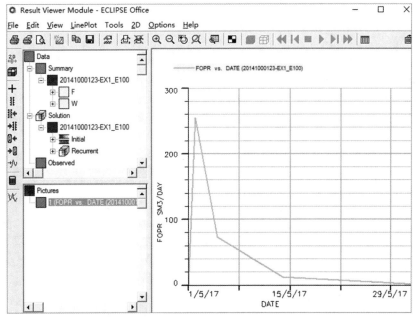

图 2.125　油田日产油量曲线

全油藏的产液量也很快就掉到 0,如图 2.126 所示。

油藏的压力很快就掉到规定的井底流压下限(20bar),低于泡点压力(10bar),如图 2.127 所示。

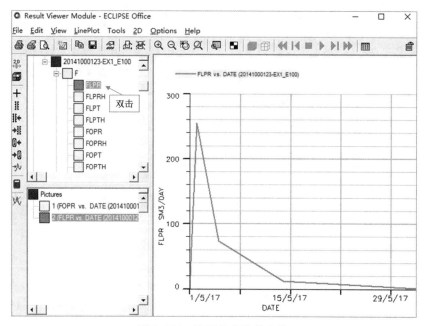

图 2.126　油田日产液量曲线

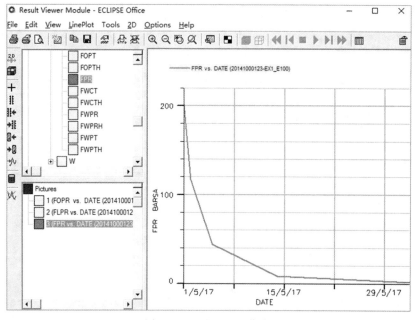

图 2.127　油田压差曲线

全油藏累积产油 $600m^3$，如图 2.128 所示。

2.2.11　新建一个案例

在原文件夹下新建一个文件夹，并给新案例命名，如图 2.129、图 2.130 所示。

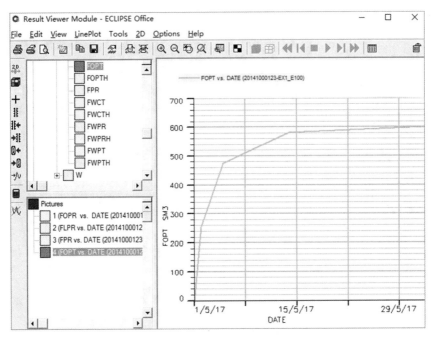

图 2.128　油田日产油量曲线

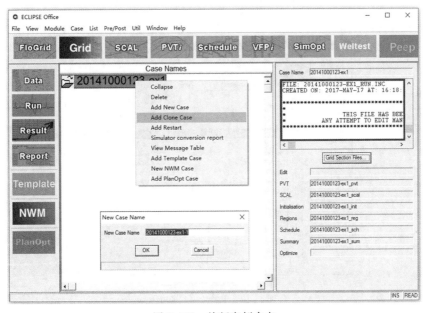

图 2.129　给新案例命名

进入 Schedule 定义一口新井,如图 2.131 所示。

命名井名为 Wi-1,W 代表 Water,i 代表 injection,如图 2.132 所示。

设置新注水井连通数据,如图 2.133 所示。

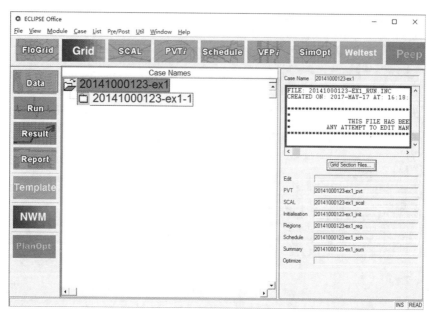

图 2.130　进入数据输入模块

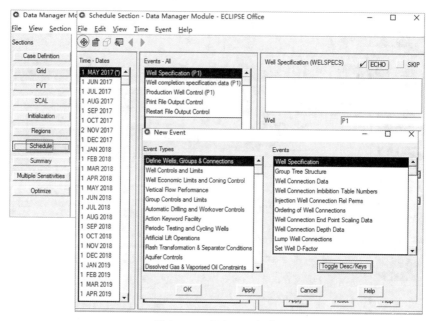

图 2.131　定义一口新井

设置注水井的井控方式。设置 Injector Type（注入井类别）为 WATER（水），井状态为 OPEN（开井），Control Mode（控制模式）为 RATE（产量），Liquid Surface Rate（产液量）设置为 50m³/day，如图 2.134 所示。

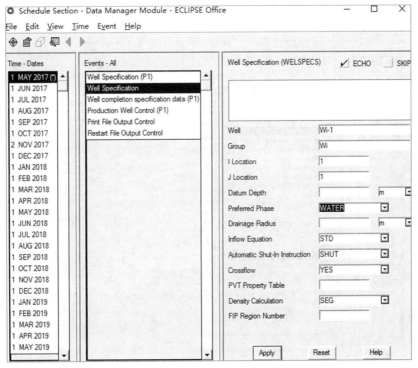

图 2.132　设置新井基本参数

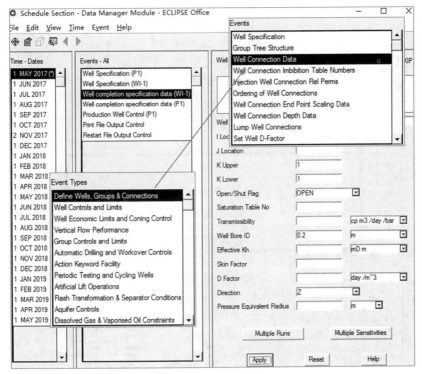

图 2.133　设置新注水井的连通数据

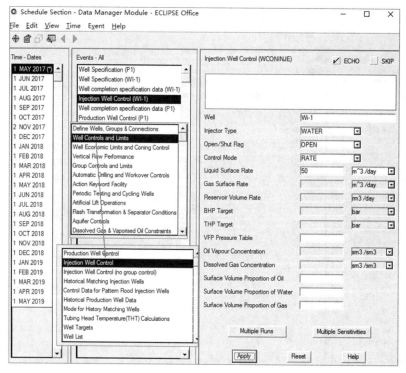

图 2.134　设置井的控制方式

保存数据后退出，如图 2.135 所示。

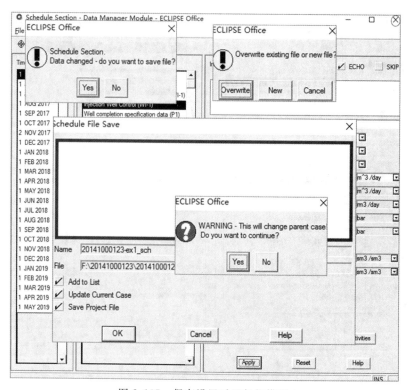

图 2.135　保存设置后运行新模型

再次运行模型,如图 2.136 所示。

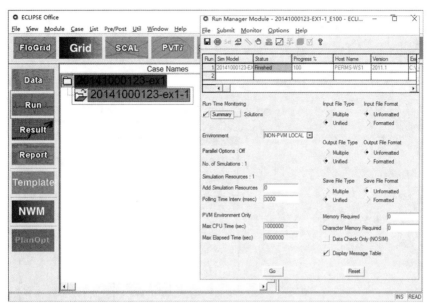

图 2.136　再次运行模型

运行结束后查看模拟结果,如图 2.137 所示。

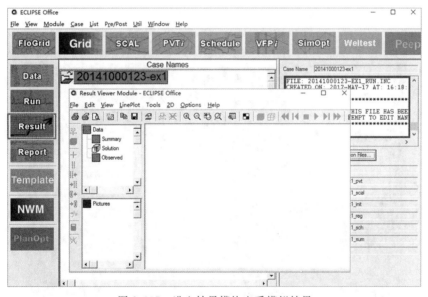

图 2.137　进入结果模块查看模拟结果

与前文衰竭开采相似,先加载油藏参数,如图 2.138 所示。

使用播放功能查看油藏含油饱和度与压力的变化,如图 2.139、图 2.140 所示。

进一步地,查看油藏生产动态。可以看出,油藏经历短暂稳产,含水率快速上升,产油量急剧下降,全油藏累积产油 7600m^3,如图 2.141 所示。

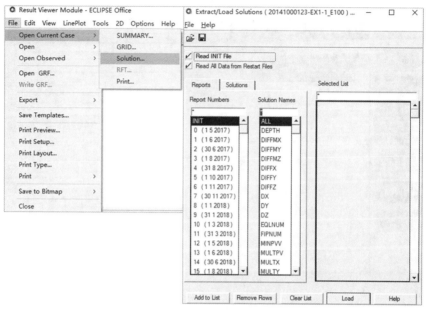

图 2.138　加载油藏参数

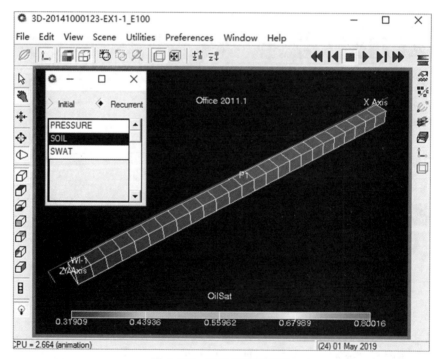

图 2.139　查看模型饱和度

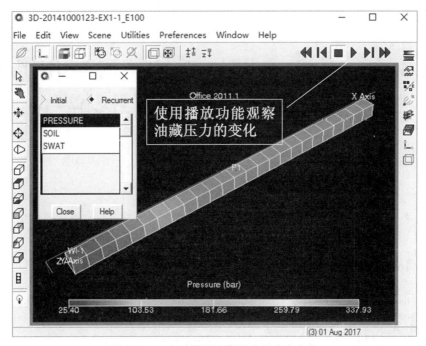

图 2.140　查看模型油藏压力的动态变化

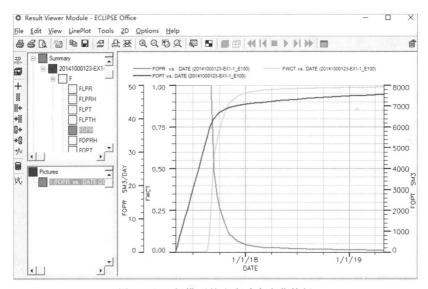

图 2.141　新模型的生产动态变化特征

　　综上所述,在假定油藏外边界是封闭的情况下,依靠天然能量开发维持的生产时间会很短,采出油量也很少,因此,需要注水补充能量开发,此举可大大提高采收率。单边注水速度过快,油藏过早水淹,油井另一侧存在丰富剩余油,建议在另一侧加布 1 口注水井,形成 2 注 1 采的开发方式,降低单井注水量。

第3章 块中心网格系统三维三相黑油模型油藏数值模拟(不含溶解气)

3.1 实习任务

1. 实习目的

(1)掌握油藏数值模拟的上机工作流程。

(2)掌握 ECLIPSE 软件数据的录入、编辑、修改方法。

(3)掌握 ECLIPSE 软件结果的输出及三维可视化方法。

(4)了解开发方案设计过程。

2. 实习内容

(1)根据现有数据,应用块中心网格系统建立一个三维的油藏模型。

(2)自行编制开发方案,完成生产数据的输入。

(3)运行数值模拟计算及分析模拟结果。

3. 时间安排

4 学时课堂练习、4 学时课下练习。

3.2 具体内容

首先新建一个文件夹,将模拟所用的原始数据复制到该文件夹。双击桌面 ECLIPSE Launcher 启动软件,单击 office 启动该模块,选择新建的文件夹作为新项目的存储路径,如图 3.1~图 3.5 所示。

点击 Data 进入数据管理模块,如图 3.6 所示。

3.2.1 方案定义

点击 Case Definition(方案定义),定义模型基本属性。选择黑油模型,定义方案名称 "Water Flood in Black Oil Reservoir with no Dissolved Gas",设置模拟开始时间、选择坐标系等,如图 3.7~图 3.10 所示。

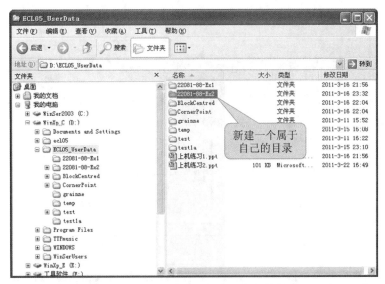

图 3.1　在电脑桌面新建一个文件夹

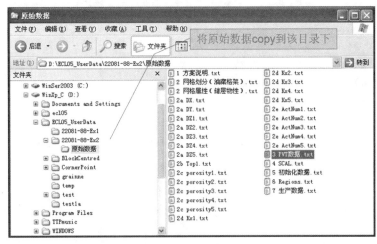

图 3.2　将原始数据复制到新建的文件夹

图 3.3　启动 ECLIPSE 软件

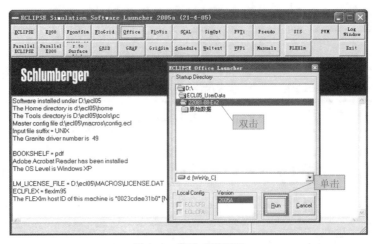

图 3.4　启动 OFFICE

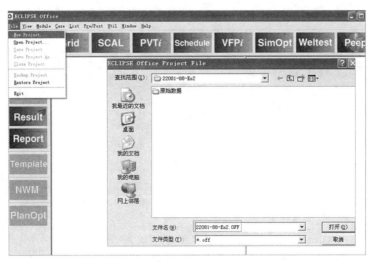

图 3.5　打开所建项目

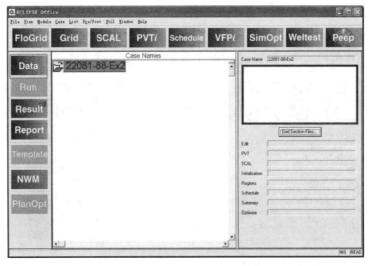

图 3.6　进入数据输入和管理模块

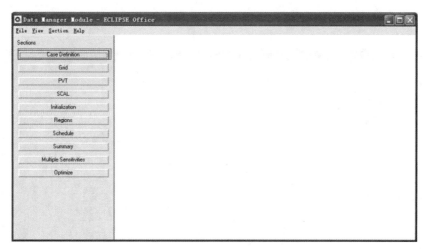

图 3.7 进入方案定义模块

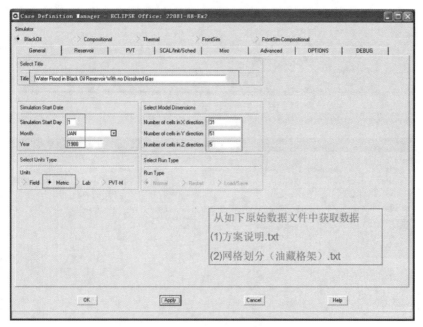

图 3.8 油藏基本参数设置

3.2.2 网格数据

点击 Grid(网格)，进入网格数据设置模块，如图 3.11、图 3.12 所示。

设置 X 方向网格块尺寸。按照如下步骤，从原始数据库中导入 X 方向网格块尺寸，如图 3.13 所示。

打开网格块原始数据文件，选择网格块数据，如图 3.14～图 3.17 所示。

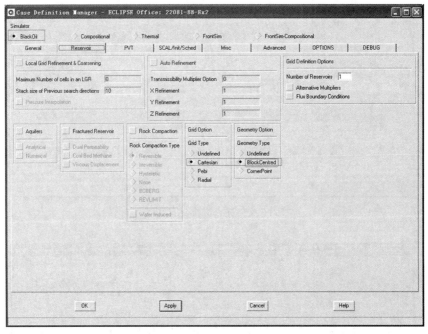

图 3.9 选择笛卡尔坐标系

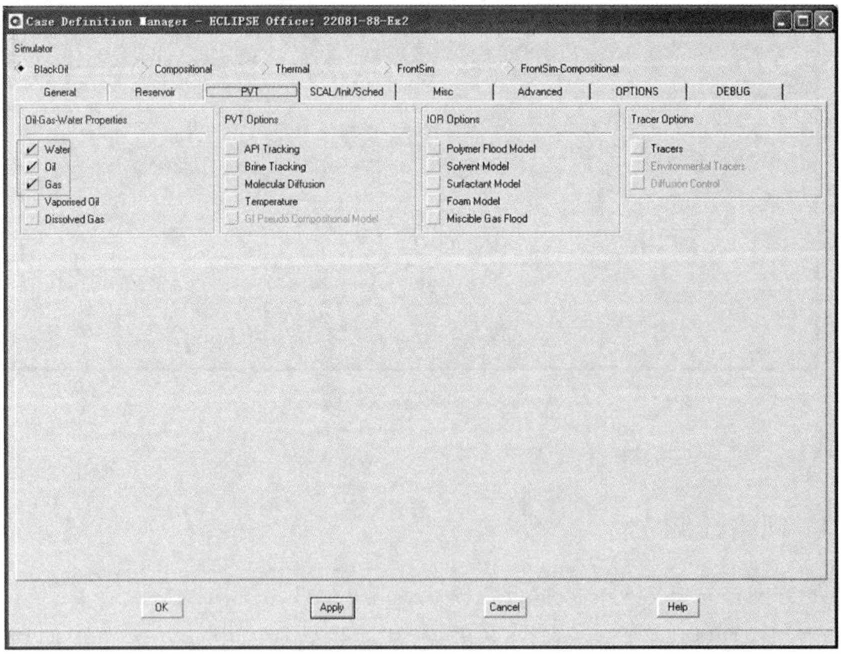

图 3.10 PVT 基本设置

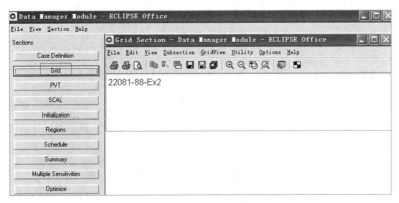

图 3.11　进入网格设置模块

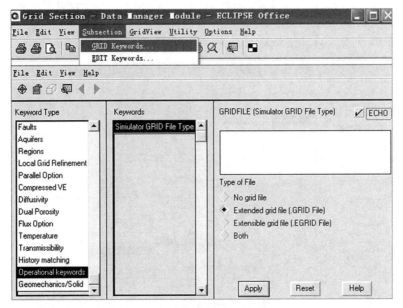

图 3.12　选择网格设置关键字

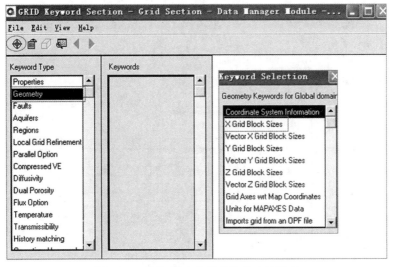

图 3.13　选取 X 方向网格块尺寸关键字

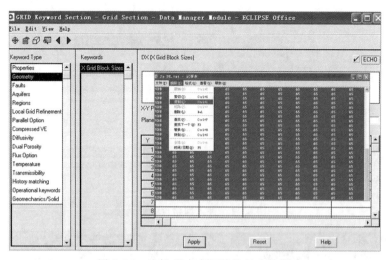

图 3.14　选择 X 方向网格块尺寸数据

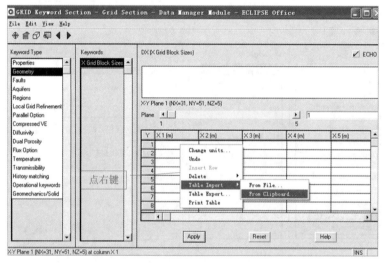

图 3.15　粘贴 X 方向网格块尺寸数据

图 3.16　查看数据完整性

图 3.17　默认其他层与第一层的尺寸相同

设置 Y 方向网格块尺寸。按照如下步骤,从原始数据库中导入 Y 方向网格块尺寸,如图 3.18、图 3.19 所示。

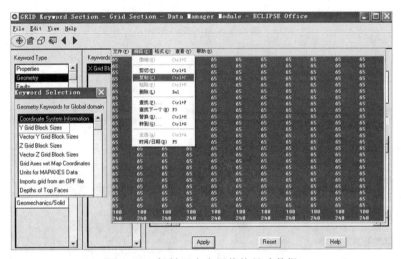

图 3.18　复制 Y 方向网格块尺寸数据

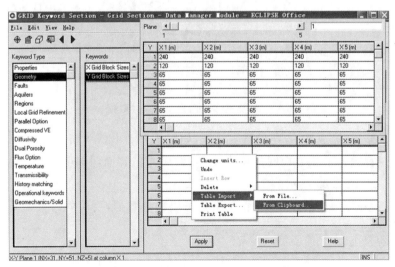

图 3.19　粘贴 Y 方向网格块尺寸数据

在每一层的 Y 方向网格尺寸(DY)相同时,下面的 2~5 层可以不输入数据,缺省时默认与上一层相同,如图 3.20 所示。

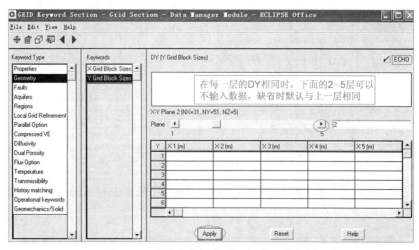

图 3.20　默认其他层与第一层的尺寸相同

设置 Z 方向网格块尺寸。按照如下步骤,从原始数据库中导入 Z 方向网格块尺寸,如图 3.21、图 3.22 所示。

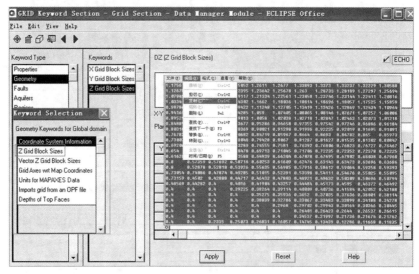

图 3.21　复制 Z 方向网格块尺寸数据

重复前面的步骤,完成 2~5 层的数据输入,如图 3.23、图 3.24 所示。

由于每一层都输入了 Z 方向网格尺寸(DZ),2~5 层的顶面埋深可以计算得到,所以可以不输入,如图 3.25、图 3.26 所示。

拖动滚动条,观察数据的完整性,看是不是每层都有数据,换层的时候需要按 Apply(应用)按钮,如图 3.27 所示。

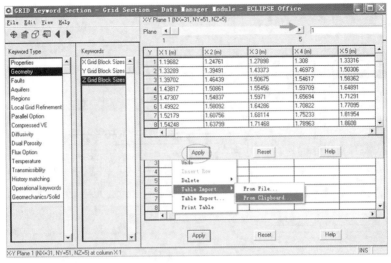

图 3.22　粘贴 Z 方向网格块尺寸数据

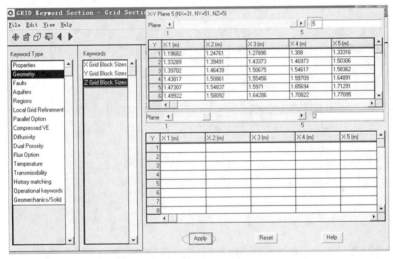

图 3.23　默认其他层与第一层的尺寸相同

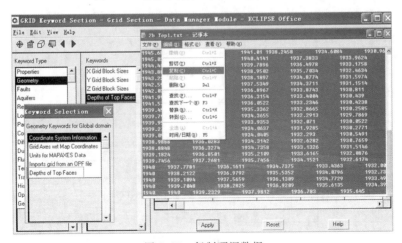

图 3.24　复制顶深数据

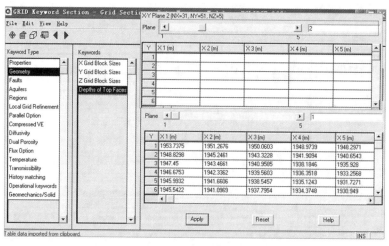

图 3.25　其他层顶深数据可以不输入

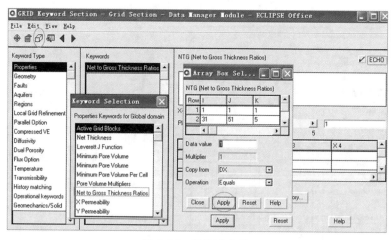

图 3.26　设置净总比

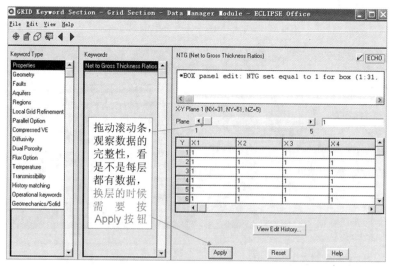

图 3.27　查看数据完整性

设置 X 方向渗透率。按照如下步骤,设置 X 方向的渗透率值,如图 3.28、图 3.29 所示。

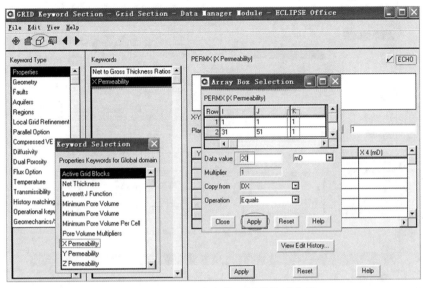

图 3.28　设置 X 方向第 1 层的渗透率值

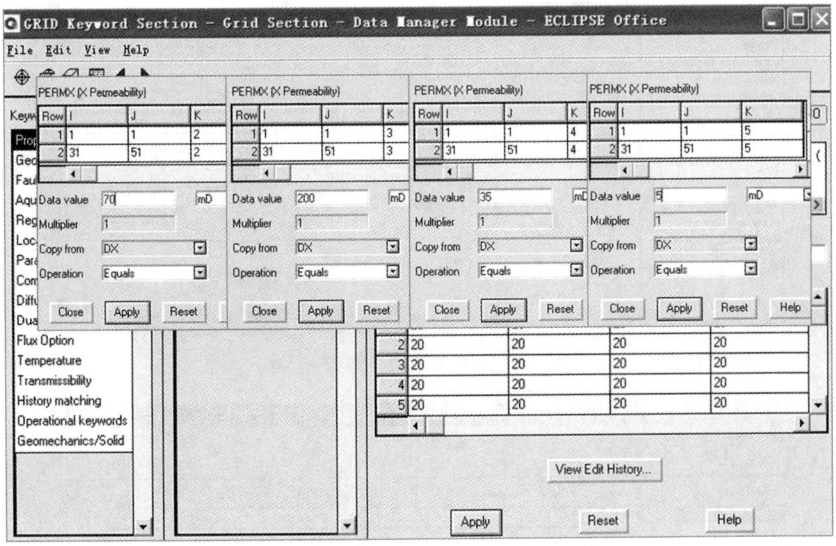

图 3.29　设置 X 方向 2~5 层渗透率值

设置 Y 方向渗透率。按照如下步骤,设置 Y 方向的渗透率值,如图 3.30、图 3.31 所示。

设置 Z 方向渗透率。按照如下步骤,设置 Z 方向的渗透率值,如图 3.32、图 3.33 所示。

设置网格孔隙度。按照如下步骤,从原始数据库导入孔隙度值,如图 3.34 所示。

用同样的方法输入 2~5 层的孔隙度数据,如图 3.35 所示。

选择网格输出文件后,保存数据退出,如图 3.36~图 3.39 所示。

查看所建基础模型的二维、三维网格视图,如图 3.40~图 3.43 所示。

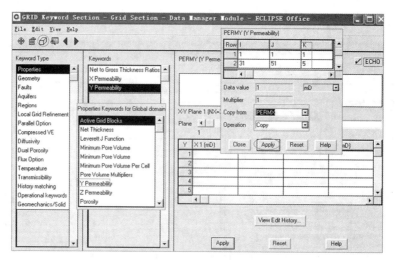

图 3.30　设置 Y 方向渗透率值

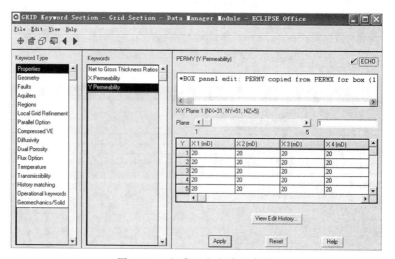

图 3.31　查看 Y 方向渗透率值

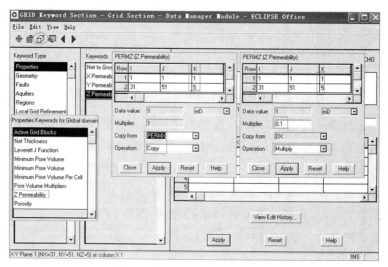

图 3.32　设置 Z 方向渗透率值

图 3.33　查看 Z 方向渗透率值

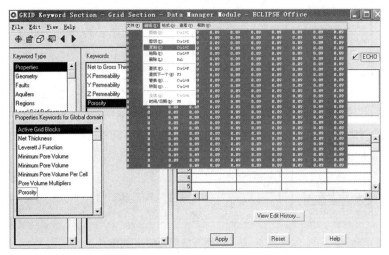

图 3.34　从数据库中导入第一层孔隙度值

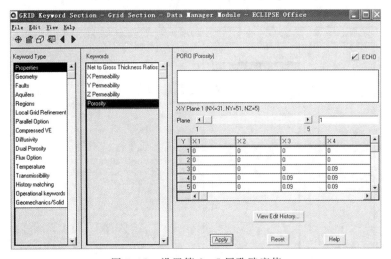

图 3.35　设置第 2～5 层孔隙度值

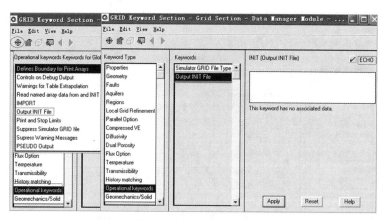

图 3.36　选择输出文件

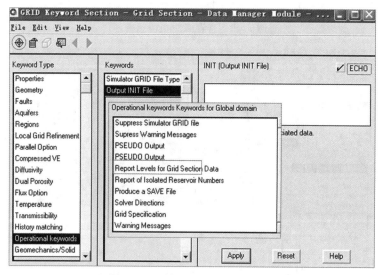

图 3.37　选择网格部分输出数据

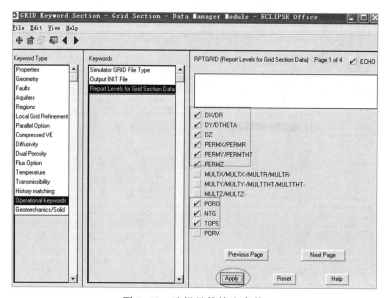

图 3.38　选择具体输出参数

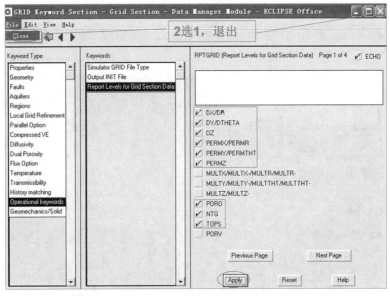

图 3.39 保存数据后退出

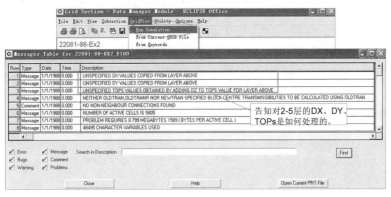

图 3.40 试运行模型

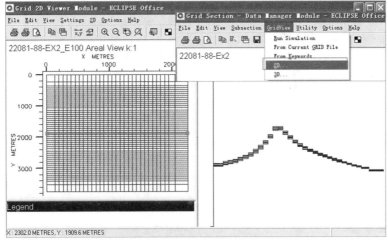

图 3.41 查看模型二维图

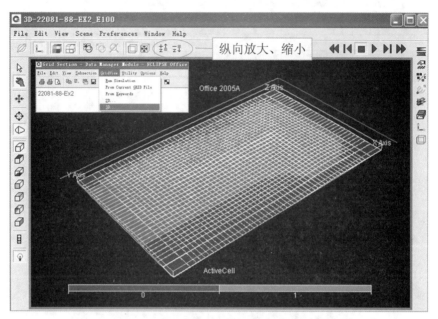

图 3.42　查看模型三维图

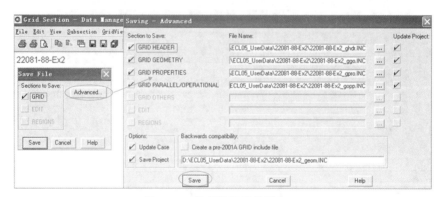

图 3.43　保存数据后关闭窗口

3.2.3　输入流体高压物性数据

点击 PVT,进入流体物性设置模块,如图 3.44 所示。

然后按照步骤设置流体(油、水、气)密度和流体(油、水)PVT 基础参数,如图 3.45~图 3.47所示。

对于气体的 PVT 设置,选择从"流体高压物性数据(PVT)"数据包中复制,然后粘贴到表格中,并进一步查看气体属性曲线。最后保存流体设置,然后退出,如图 3.48~图 3.52所示。

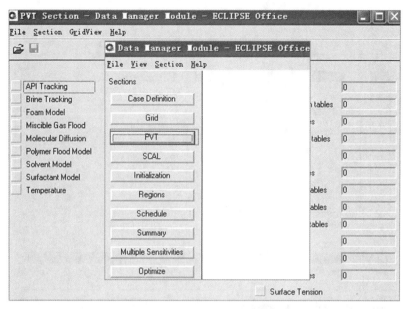

图 3.44　进入 PVT 设置模块

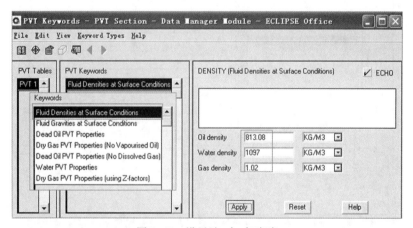

图 3.45　设置油、水、气密度

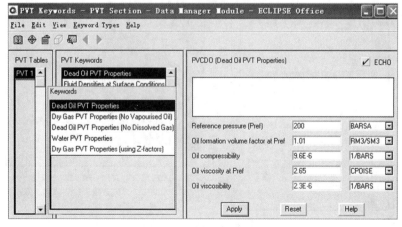

图 3.46　设置油相基础性质

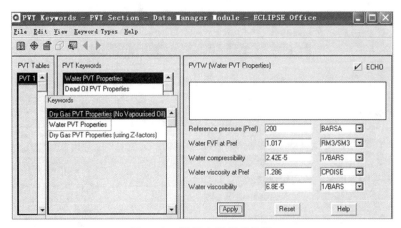

图 3.47　设置水相基础性质

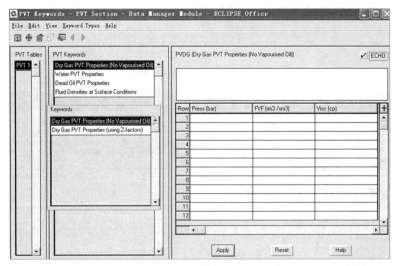

图 3.48　进入气相 PVT 设置

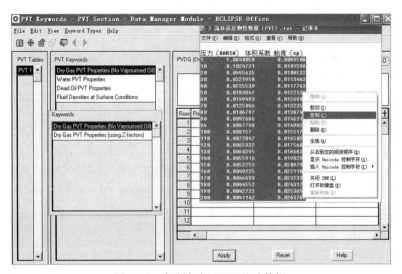

图 3.49　复制气相 PVT 基础数据

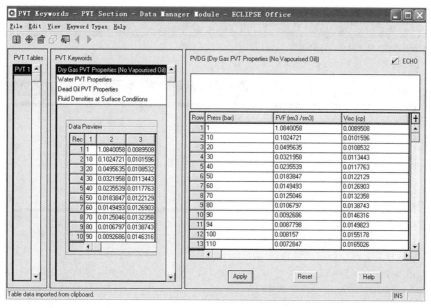

图 3.50　粘贴气相 PVT 基础数据

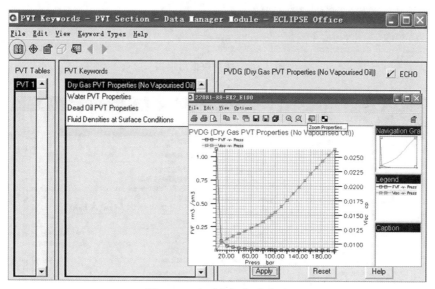

图 3.51　查看气相相渗曲线

进一步地,修改 PVT 数据文本,便于输入岩石属性,如图 3.53、图 3.54 所示。

重新回到 PVT 输入模块,Rock Tables 可用,点击进入,输入岩石基本属性,如图 3.55、图 3.56 所示。

加入分区数据。这项内容也可以在 Regions 部分做,之后将数据保存,退出 PVT 模块,如图 3.57～图 3.59 所示。

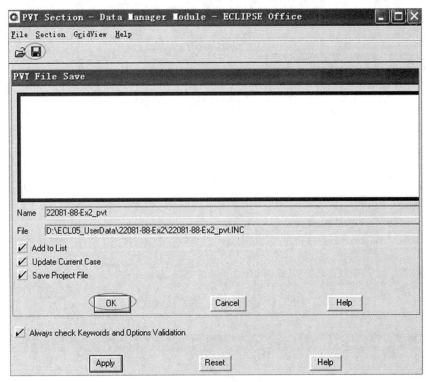

图 3.52　保存数据后退出

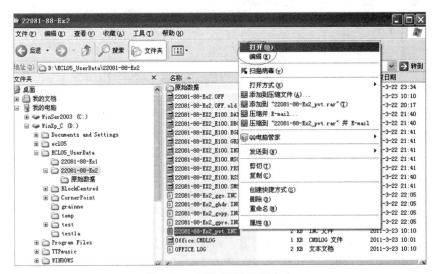

图 3.53　打开 PVT 数据文本

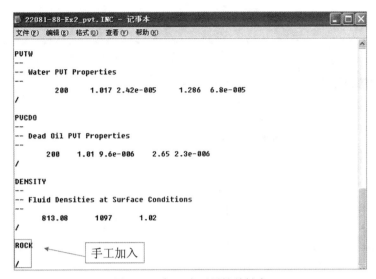

图 3.54　加入岩石属性关键字

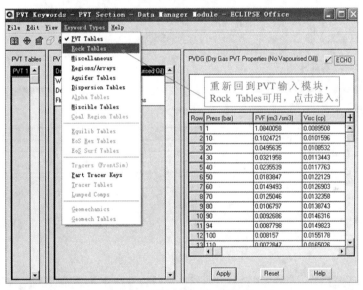

图 3.55　输入岩石基本性质

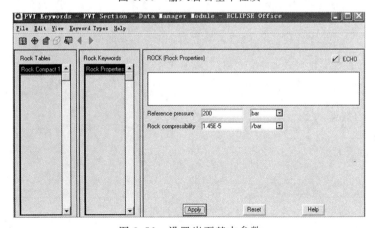

图 3.56　设置岩石基本参数

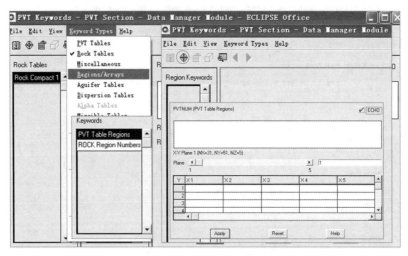

图 3.57　进入 PVT 分区

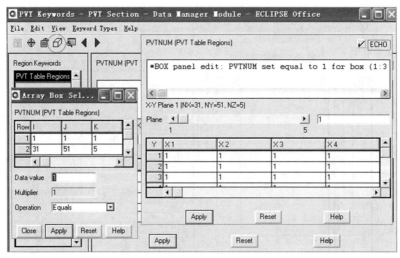

图 3.58　设置 PVT 分区数

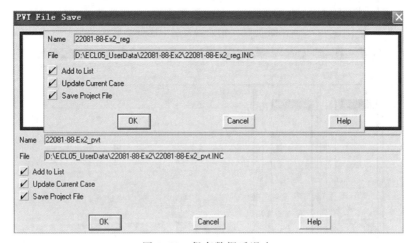

图 3.59　保存数据后退出

3.2.4　特殊岩芯分析数据

在 ECLIPSE Office 界面点击 SCAL 模块,在 Keywords Types(关键词类型)下选择
Water/ oil saturation functions(水/油含水饱和度函数),从数据文本中复制油水相渗数据,并
查看油水相渗曲线,如图 3.60～3.64 所示。用同样的方法加载气液相渗数据,并查看气液相
渗曲线。保存数据后退出,如图 3.65、图 3.66 所示。

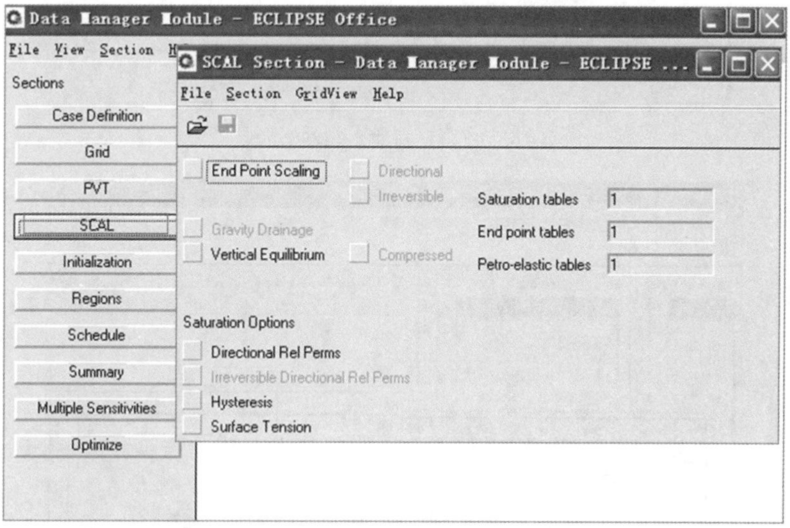

图 3.60　进入 SCAL 模块

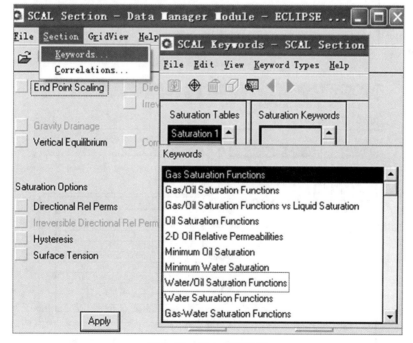

图 3.61　进入相渗设置

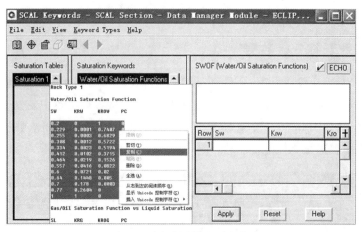

图 3.62　复制油水相渗数据

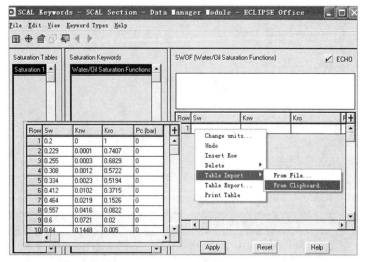

图 3.63　粘贴油水相渗数据

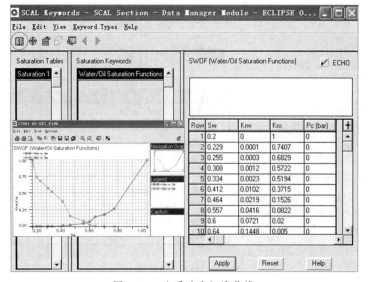

图 3.64　查看油水相渗曲线

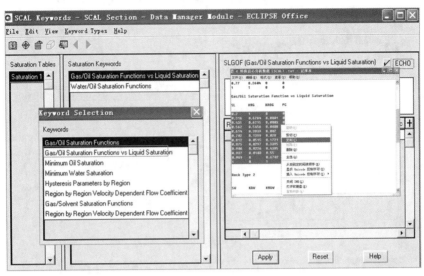

图 3.65　进入气液相渗设置

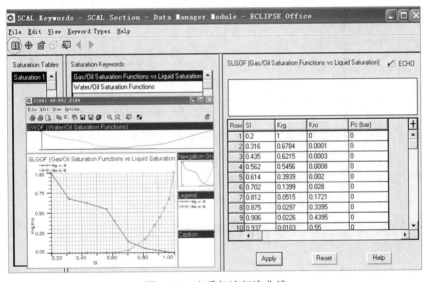

图 3.66　查看气液相渗曲线

　　插入第二张表。在 Edit 菜单下选择 Insert Tables After…,命名新表为 Saturation 2,如图 3.67 所示。

　　用同样的方法输入第二张表的数据,如图 3.68 所示。

　　加入饱和度方程分区。在 Keywords Types(关键词类型)下选择 Regions/Arrays(分区),在 Keywords 中选择 Saturation Function Region Numbers(饱和度方程分区),设置饱和度分区后保存数据,如图 3.69~图 3.71 所示。

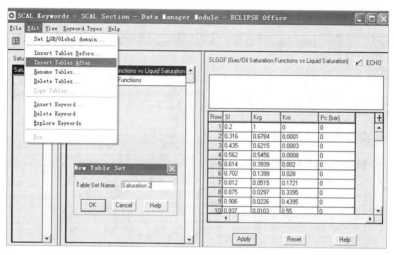

图 3.67 添加第二条相渗曲线

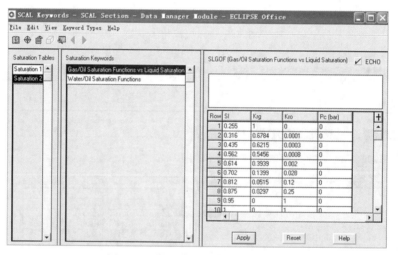

图 3.68 粘贴第二条相渗曲线数据

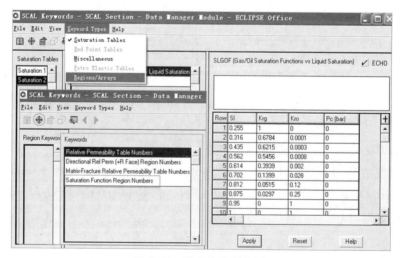

图 3.69 进入饱和度分区

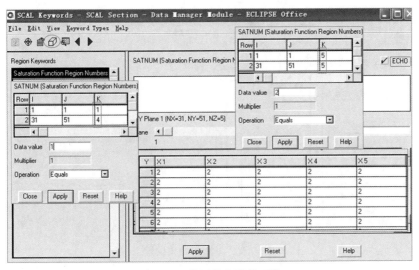

图 3.70　设置饱和度分区数

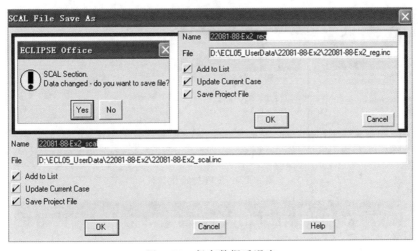

图 3.71　保存数据后退出

3.2.5　输入初始化数据（定义初始条件）

在 ECLIPSE Office 界面点击 Initialization（初始化），在 Equilibration Region（平衡分区）选择 Equilibration Data Specification（平衡数据），设置 Datum Depth（基准面深度）、Pressure at Datum Depth（基准面深度处压力）、WOC Depth（Water-Oil-Contact，油水界面深度）、GOC Depth（Gas-Oil-Contact，气油界面深度）等参数数值，如图 3.72、图 3.73 所示。

加入平衡分区。在 Keyword Types 下选择 Regions/Arrays（分区），然后选择 Equilibration Region Numbers（平衡分区数）。进一步地，在 Keywords 选择 Restart File Output Control（重启文件输出控制），然后 Apply（应用）并关闭，保存设置，如图 3.74～图 3.78 所示。

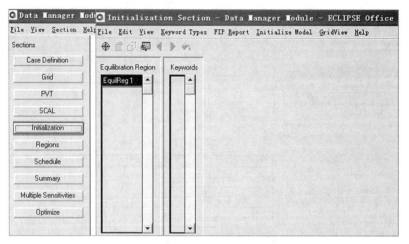

图 3.72 进入初始化设置

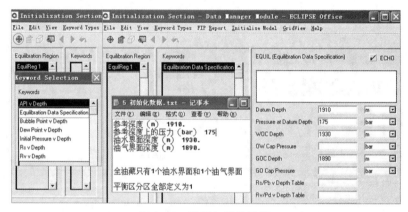

图 3.73 设置初始化数值

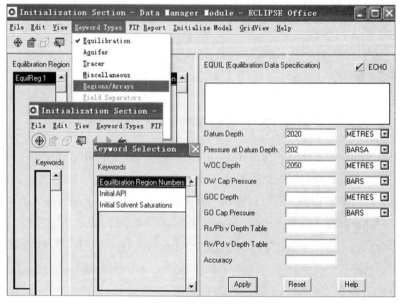

图 3.74 进入平衡分区设置

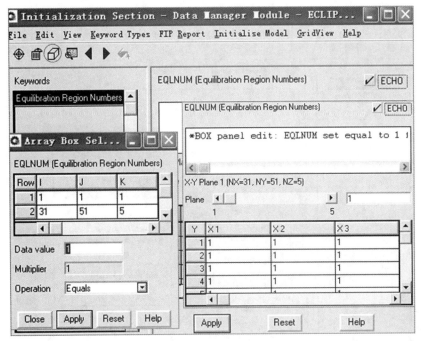

图 3.75　设置平衡分区数

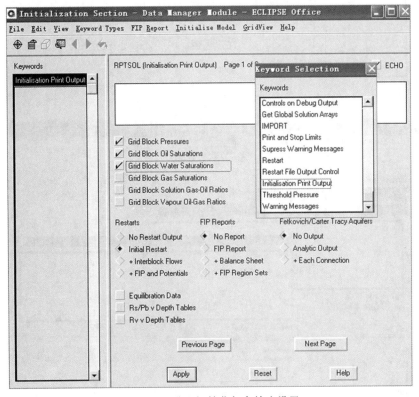

图 3.76　进入初始化打印输出设置

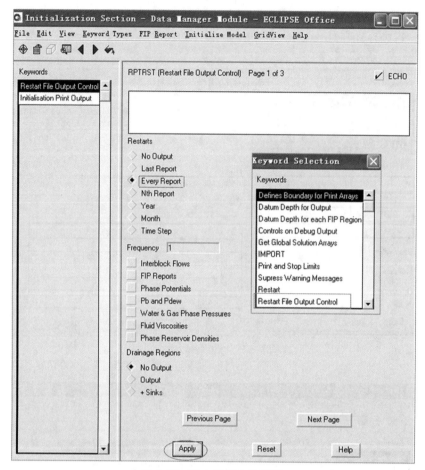

图 3.77　进入重启文件设置

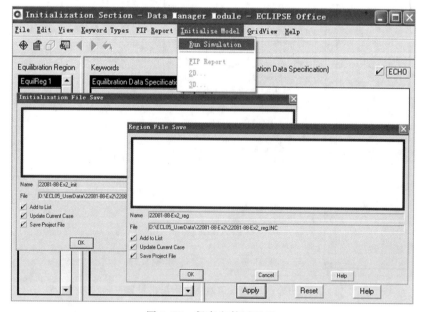

图 3.78　保存文件后退出

平衡初始化,计算初始饱和度与饱和压力并查看含油饱和度场图,每次运行都要保存原始数据,如图 3.79、图 3.80 所示。

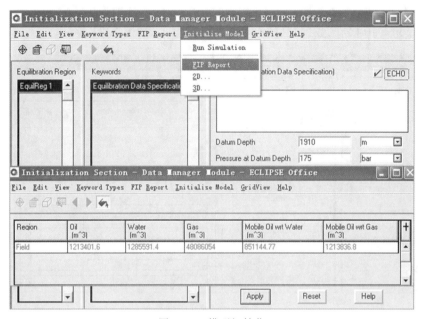

图 3.79　模型初始化

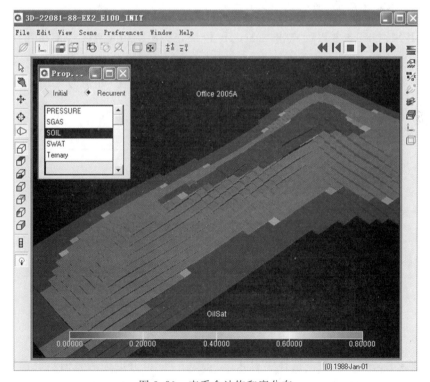

图 3.80　查看含油饱和度分布

3.2.6　输入分区数据

在 ECLIPSE Office 主界面点击 Regions(分区)。如果在前面的工作中已输入了分区数据,则在 Region Data(分区数据)已经有了相关的数据了,如图 3.81 所示。

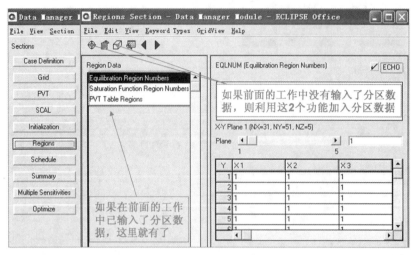

图 3.81　进入分区设置

3.2.7　井及生产控制

在 ECLIPSE Office 主界面点击 Schedule 模块,选择 Define Wells, Groups & Connections(定义井、组)及 Well Specification(井说明),定义一口井。定义 Well(井名)为 W-10, Group(井组)为 W/G,I Location 和 J Location(I、J 方向的位置)分别为 11 和 31,如图 3.82 所示。

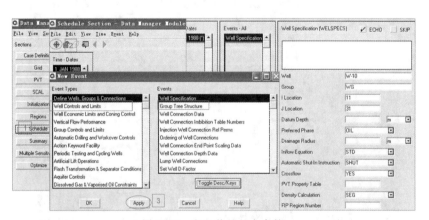

图 3.82　定义井的基本参数

进一步地,定义射孔位置。选择 Well Connection Data(井的连通数据),设置 K Upper 和 K Lower(K 方向最大和最小网格数)分别为 1 和 4,Well bore ID(井筒直径)0.3m,如图 3.83 所示。

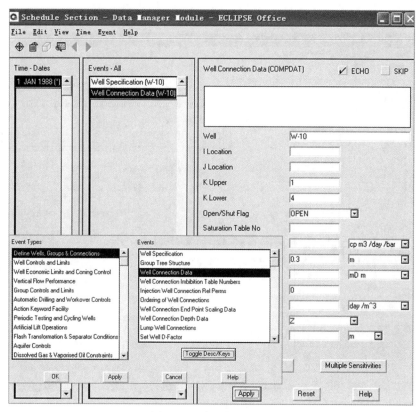

图 3.83 定义射孔位置

接着,定义井的生产方式。选择 Well Controls and Limits(井控制和约束条件)下的 Production Well Control(生产井控制),井 W-10 的状态为 OPEN(开井),Control(控制方式)为 ORAT(定产油量),并设置 Oil Rate(产油量)、BHP Target(Bottom Hole Pressure)等参数值,如图 3.84 所示。

设定输出控制。在 Output(输出)选择 Print File Output Control(打印文件输出控制)和 Restart File Output Control(重启控制),如图 3.85、图 3.86 所示。

加入其他井,如图 3.87 所示。

加入时间,并用相同方法插入 1 年的时间,如图 3.88 所示。

保存文件后退出,再进入 Schedule 就看到加入的时间了,如图 3.89 所示。

3.2.8 汇总数据输出控制

在 ECLIPSE Office 主界面点击 Summary(汇总),然后指定输出的油藏开发指标和单井开发指标,如图 3.90～图 3.98 所示。

指定输出单井的生产指标,如图 3.99 所示。

最后,将文件保存后退出,如图 3.100 所示。

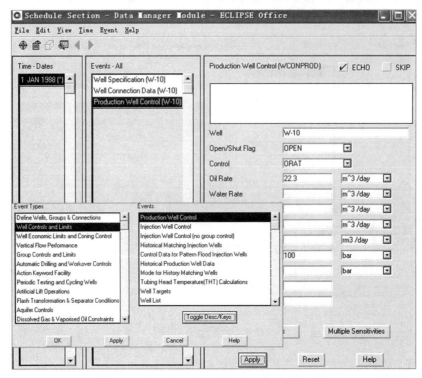

图 3.84 定义井的生产方式

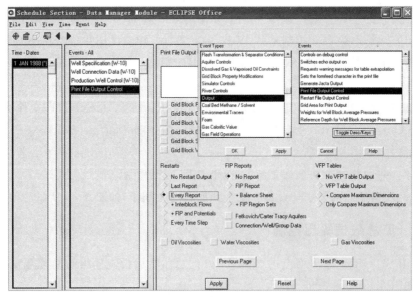

图 3.85 定义输出控制

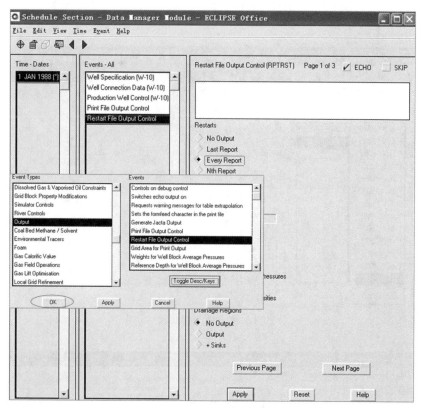

图 3.86　保存数据后退出

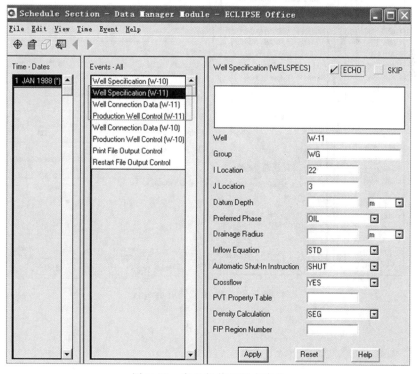

图 3.87　定义新井的基本参数

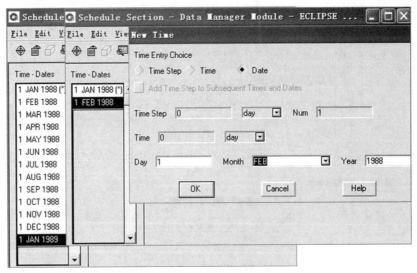

图 3.88　插入时间点

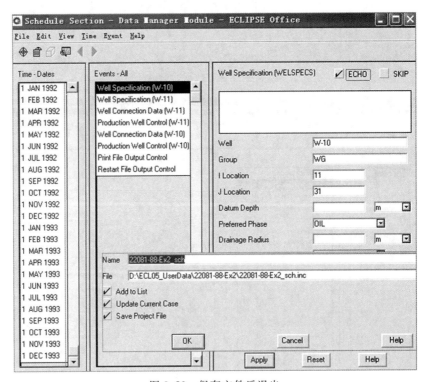

图 3.89　保存文件后退出

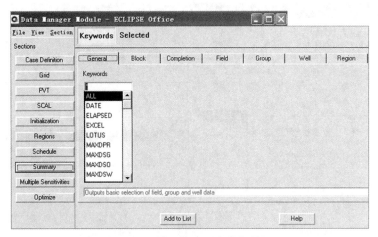

图 3.90　进入输出开发指标设置

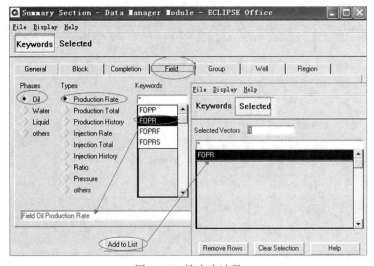

图 3.91　输出产油量

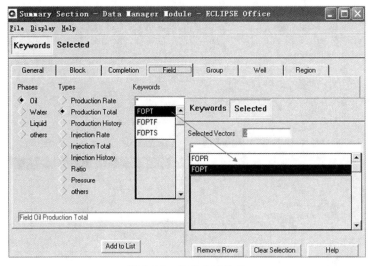

图 3.92　输出总产油量

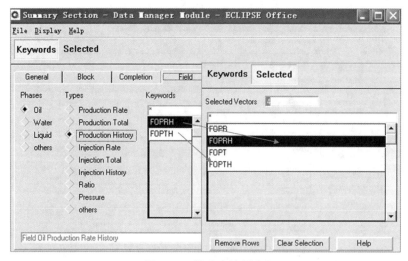

图 3.93　输出产油历史

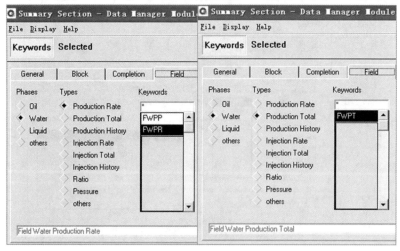

图 3.94　输出产水量和总产水量

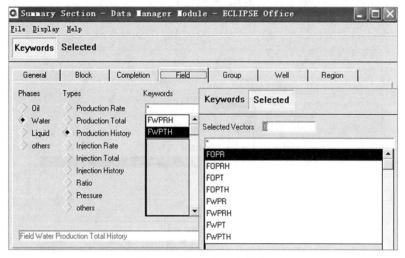

图 3.95　输出总产水历史

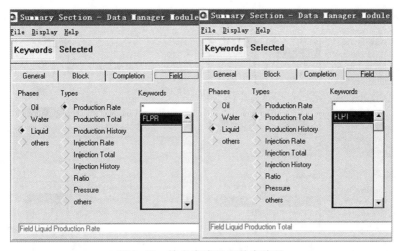

图 3.96　输出产液量和总产液量

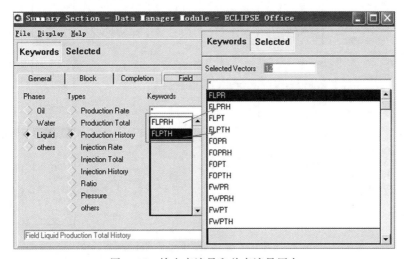

图 3.97　输出产液量和总产液量历史

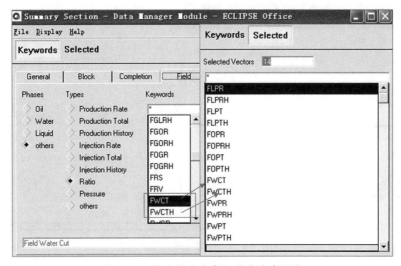

图 3.98　输出总含水率和总含水率历史

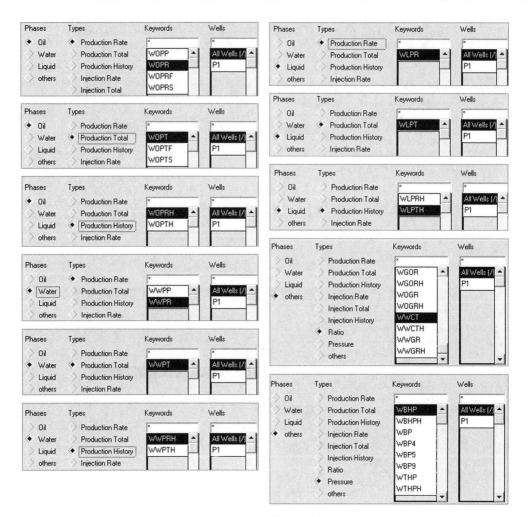

图 3.99　输出单井的生产指标

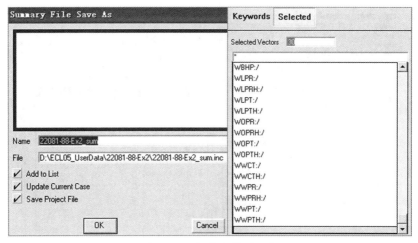

图 3.100　保存文件后退出

3.2.9　运行模拟器

在 ECLIPSE Office 主界面点击 Run(运行),等待模型正常运行,如图 3.101、图 3.102
所示。

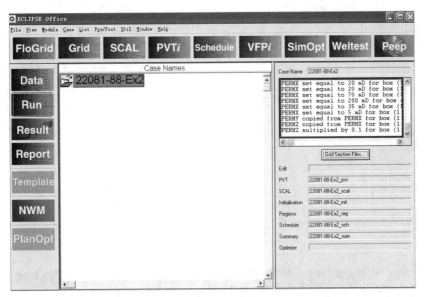

图 3.101　进入运行模块

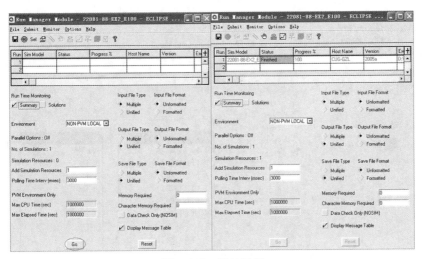

图 3.102　开始运行

3.2.10　查看结果

在 ECLIPSE Office 主界面,点击 Results,加载模拟结果中的油藏地质体数据。在 File
(文件)下选择 Open Current Case(打开当前案例)的 Solution,如图 3.103~图 3.112 所示。

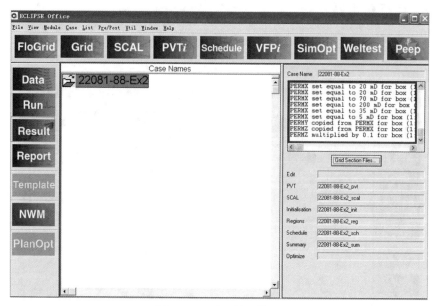

图 3.103　进入结果模块

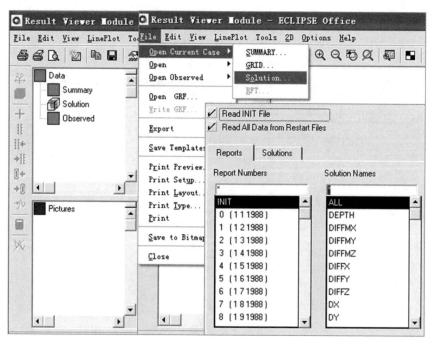

图 3.104　选择要查看的油藏参数

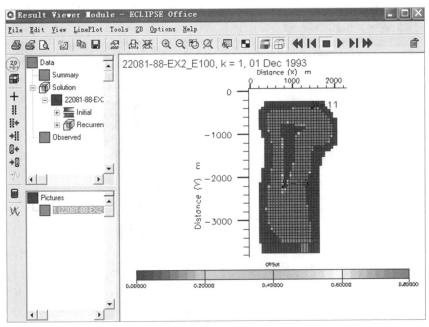

图 3.105　查看模型二维视图(一)

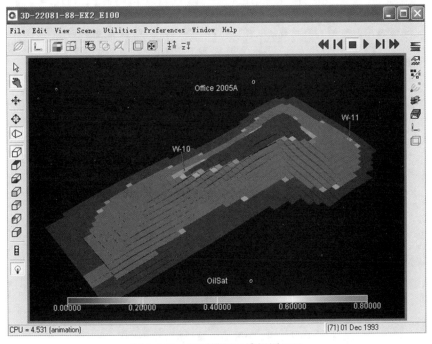

图 3.106　查看模型二维视图(二)

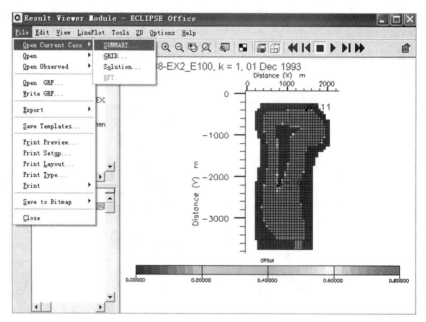

图 3.107　加载开发指标

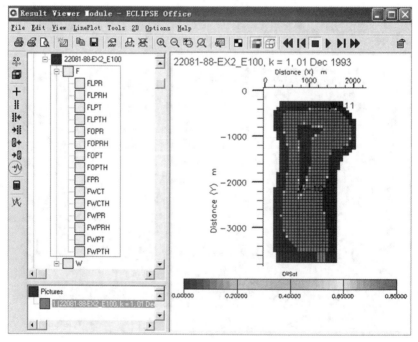

图 3.108　加载油田和单井开发指标

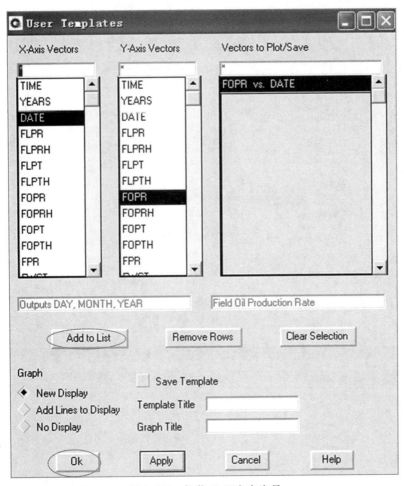

图 3.109　加载 X、Y 方向变量

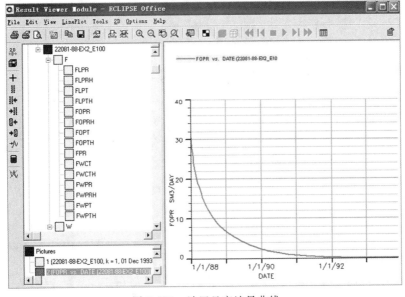

图 3.110　油田日产油量曲线

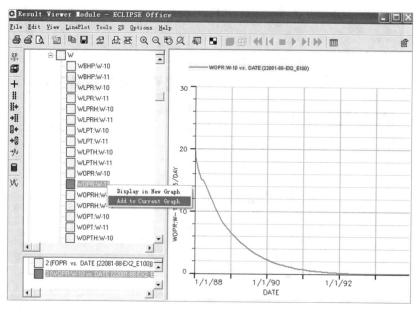

图 3.111　单井产油速率曲线

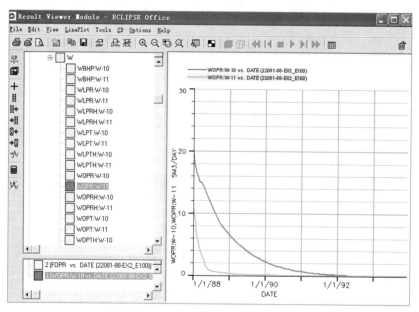

图 3.112　两口井产量对比

第 4 章　角点网格系统三维三相黑油模型油藏数值模拟(含溶解气)

4.1　实习任务

1. 实习目的

(1)熟练掌握油藏数值模拟的上机工作流程。

(2)掌握角点网格数据及其他数据的导入方法。

(3)掌握 ECLIPSE 软件的开发指标可视化方法。

(4)掌握 ECLIPSE 软件的案例管理。

(5)掌握开发方案设计及方案优选过程。

2. 实习内容

(1)应用现有数据,建立一个由角点网格系统描述的三维油藏模型。

(2)自行编制 2～3 个开发调整方案,完成生产数据的输入。

(3)运行模拟计算,对 2～3 个方案的开发指标进行预测。

(4)对比分析每个方案的开发效果,依据开发效果的优劣进行方案优选(不做经济评价)。

(5)分析最佳方案的剩余油分布特征,依照剩余油分布特点,提出调整建议。

(6)分析模拟结果,编写油藏数值模拟报告。

3. 时间安排

8 学时课堂练习、4 学时课下练习。

4.2　具体内容

(1)观察油(含溶解气)、气、水三相体系的流体高压物性数据。

(2)观察油藏的物性分布特点,合理设计开发方案。

(3)不同开发方案开发指标的对比分析。

(4)练习如何编写油藏数值模拟报告。

4.2.1　新建一个工作目录

在电脑上创建一个文件夹，新建一个属于自己的目录，并将原始文件复制到该文件夹。如图 4.1、图 4.2 所示。

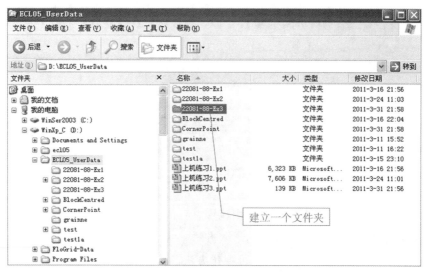

图 4.1　新建一个文件夹

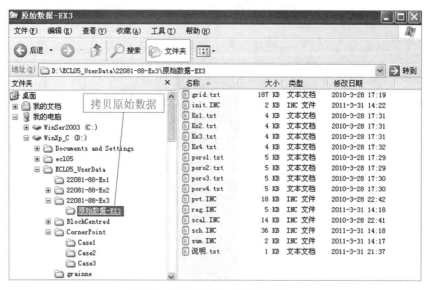

图 4.2　将原始文件复制到文件夹

4.2.2　创建一个新项目

点击 File(文件)，选择 New Project(新项目)，新项目的存储位置为新建的文件夹，如图 4.3、图 4.4 所示。

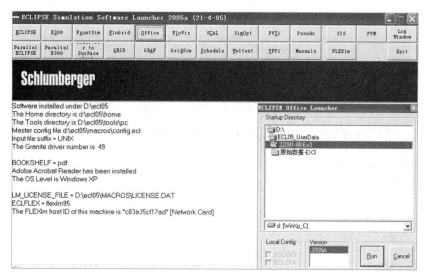

图 4.3　创建一个新项目

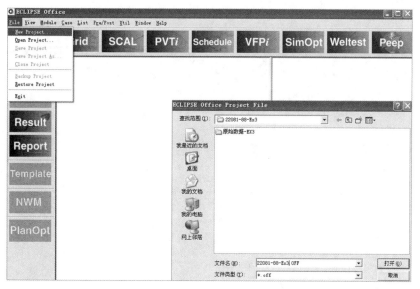

图 4.4　选择项目存储文件夹

4.2.3　方案定义

点击 Case Definition(方案定义),定义模型基本属性。选择黑油模型,定义方案名称 "Black Oil Reservoir Simulation with Corner Point-Grid System",并设置模拟开始时间、选择坐标系等,如图 4.5、图 4.6 所示。

4.2.4　建立油藏地质模型

点击 Grid(网格),进入网格数据设置模块,从网格文件导入数据。然后查看三维视图,并激活网格,如图 4.7~图 4.11 所示。

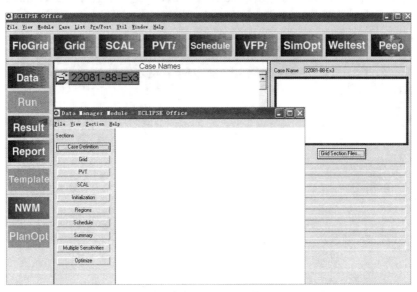

图 4.5　进入方案定义模块

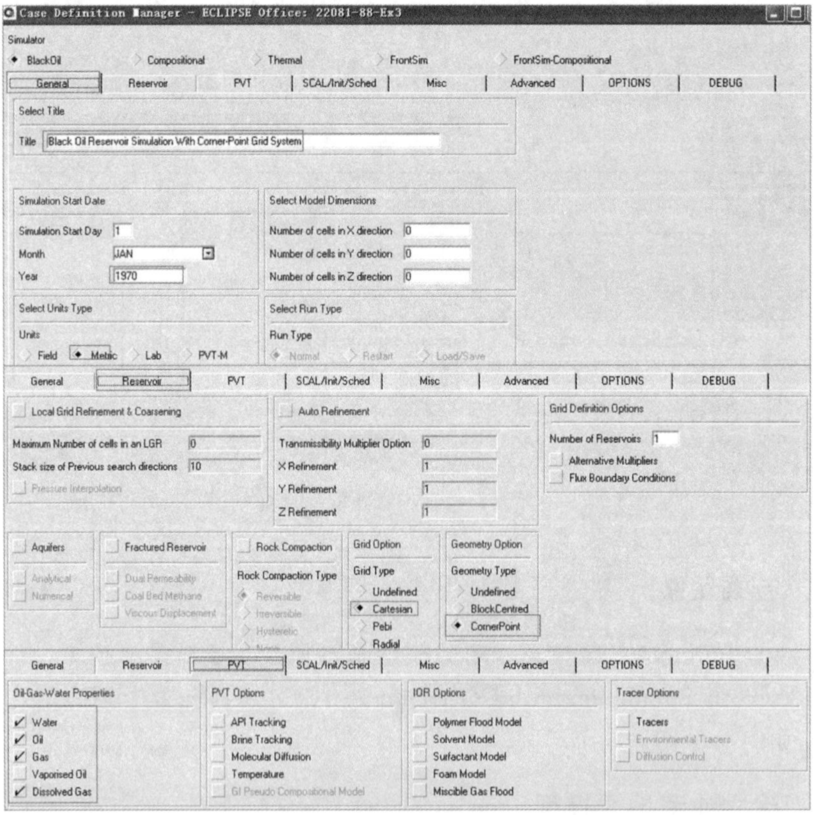

图 4.6　定义模型基本参数

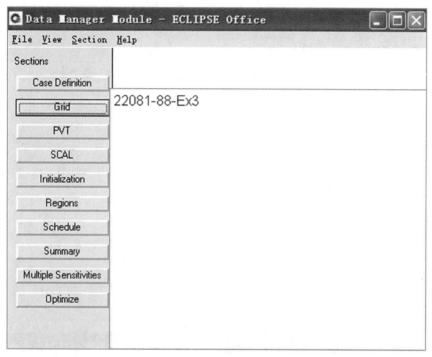

图 4.7　进入网格设置模块

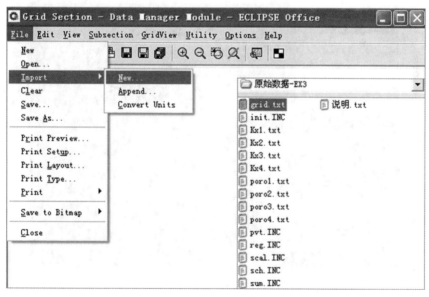

图 4.8　从网格文件导入数据

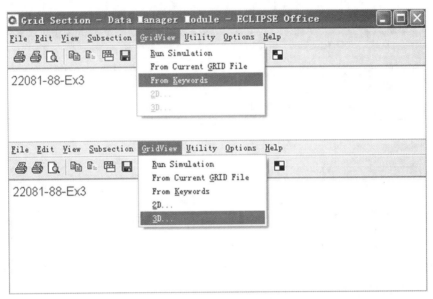

图 4.9　进入模型三维视图

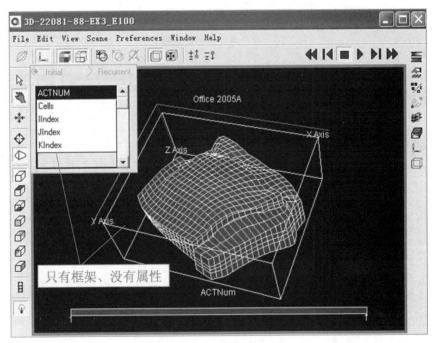

图 4.10　查看模型三维视图

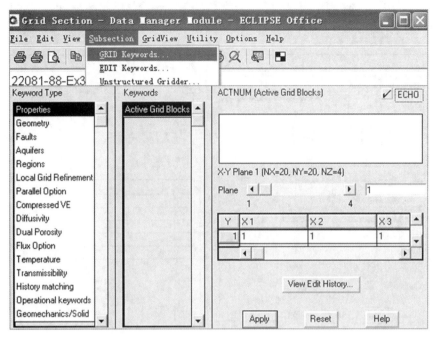

图 4.11　激活网格

加入 NTG(净毛比)数据,如图 4.12、图 4.13 所示。

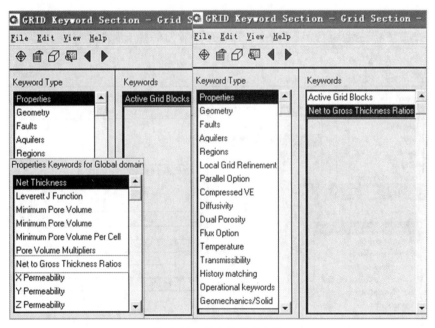

图 4.12　进入净总比设置

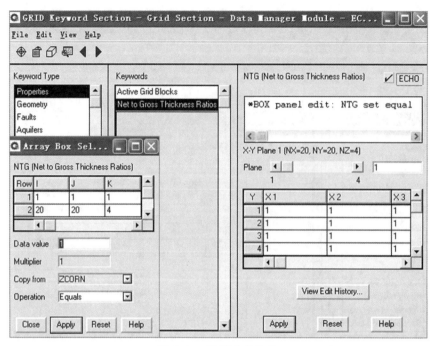

图 4.13   设置净总比值

加入孔隙度数据。点击关键字 Porosity，从数据文件夹中导入第 1 层孔隙度值，如图 4.14、图 4.15 所示。

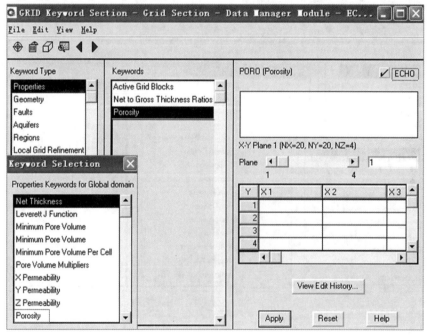

图 4.14   进入孔隙度设置

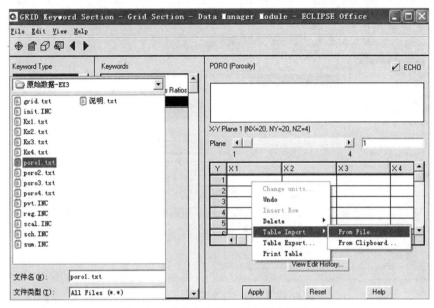

图 4.15　从数据包导入第 1 层孔隙度值

用同样的方法导入第 2~4 层的孔隙度,如图 4.16、图 4.17 所示。

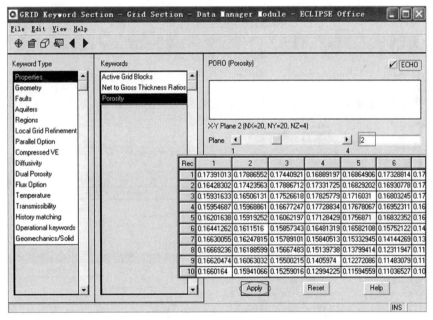

图 4.16　导入第 2 层孔隙度值

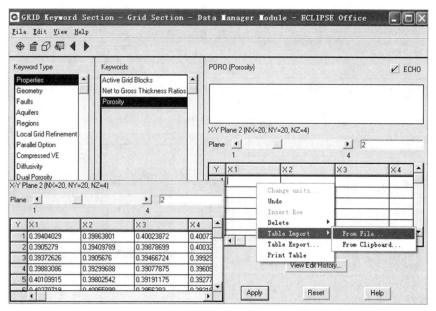

图 4.17　导入第 3 和第 4 层孔隙度值

　　加入 X 方向渗透率数据。在 Properties（属性）选项中选择 X Permeability（X 方向渗透率），先导入第 1 层的渗透率数据，再用相同的方法导入第 2、3、4 层的渗透率数据，如图 4.18、图 4.19 所示。

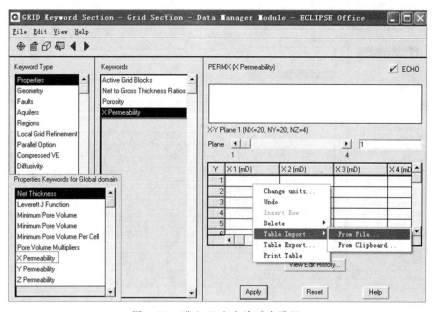

图 4.18　进入 X 方向渗透率设置

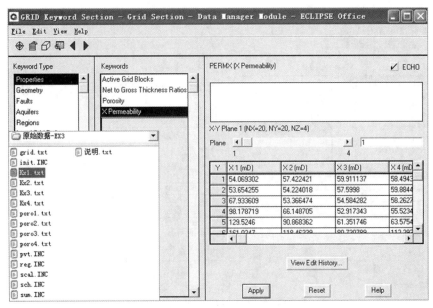

图 4.19　导入 X 方向渗透率

加入 Y 方向渗透率数据。在 Properties(属性)选项中选择 Y Permeability(Y 方向渗透率),先导入第 1 层的渗透率数据,再用相同的方法导入第 2、3、4 层的渗透率数据,如图 4.20、图 4.21 所示。

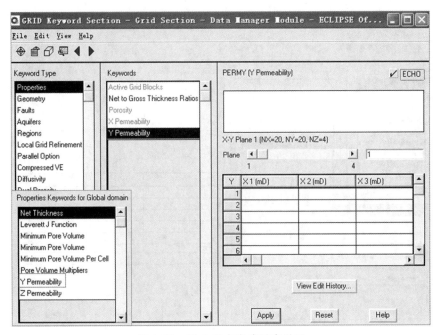

图 4.20　进入 Y 方向渗透率设置

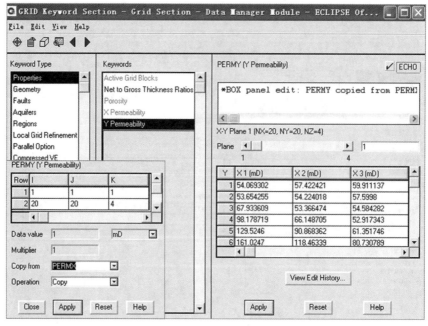

图 4.21　导入 Y 方向渗透率

加入 Z 方向渗透率数据。在 Properties(属性)选项中选择 Z Permeability(Z 方向渗透率),设置 Z 方向渗透率为 X 方向的 0.15 倍,如图 4.22、图 4.23 所示。

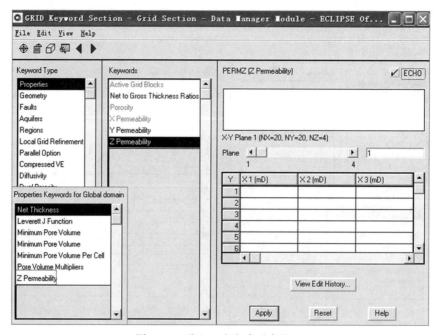

图 4.22　进入 Z 方向渗透率设置

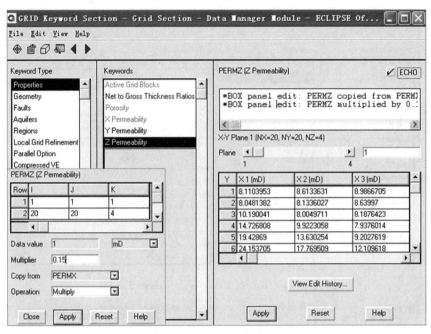

图 4.23　导入 Z 方向渗透率

在 Output INIT File(输出初始文件)中选择关键词 Report Levels for Grid Section Data，设置要输出的网格数据，然后保存数据后退出，如图 4.24~图 4.26 所示。

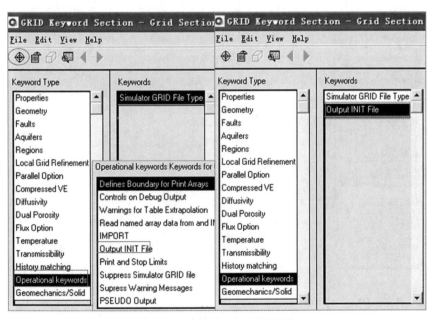

图 4.24　选择 Output INIT File

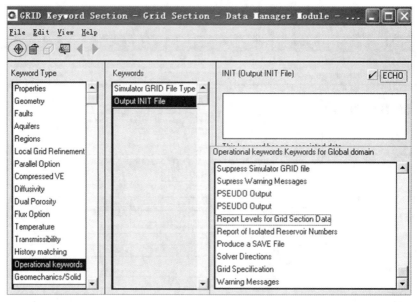

图 4.25　选择 Report Levels for Grid Section Data

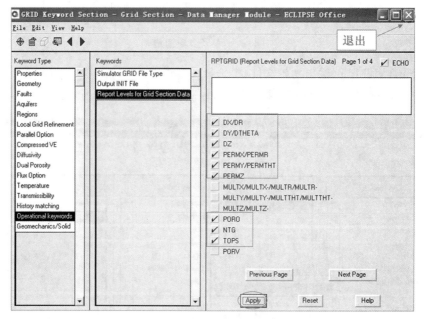

图 4.26　保存文件后退出

　　网格设置完成后,选择 From Keywords(从关键词)进入 GridView(网格视图),查看网格模型的 2D...(二维)视图和 3D...(三维)视图,然后保存数据,如图 4.27～图 4.30 所示。

4.2.5　导入 PVT 数据

　　在 ECLIPSE Office 界面,选择 PVT 部分,从原始数据文件中导入 PVT 数据,并设置油、气、水密度及油、气、水基本 PVT 参数。查看油相(含溶解气)、气相 PVT 相图,保存数据后退出,如图 4.31～图 4.39 所示。

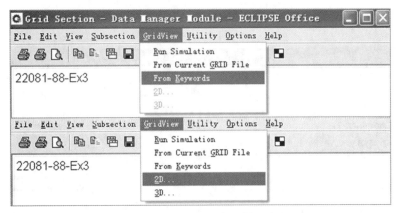

图 4.27　选择查看二维视图

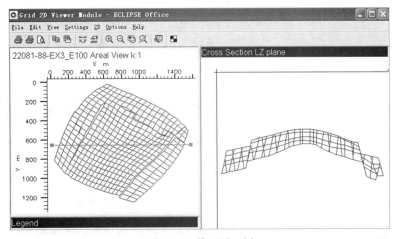

图 4.28　模型平面图

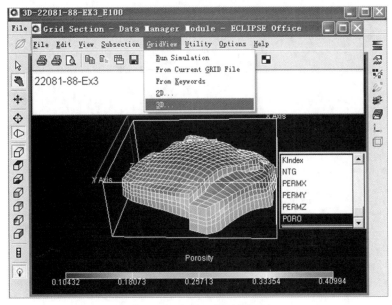

图 4.29　查看三维网格视图

油藏数值模拟上机实践指导书

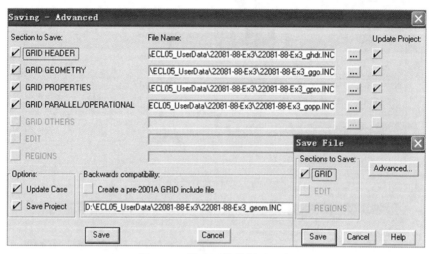

图 4.30 保存网格数据后退出

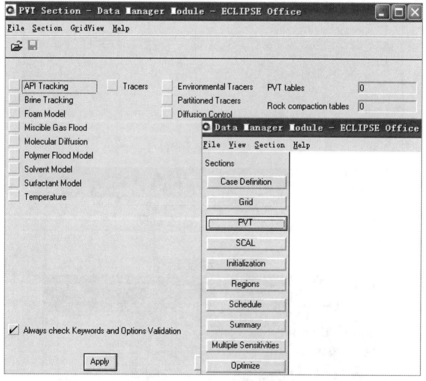

图 4.31 进入 PVT 设置模块

• 136 •

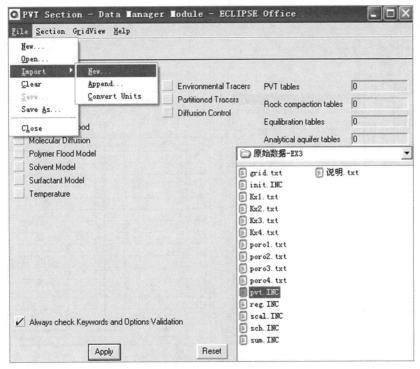

图 4.32　从原始数据文件中导入 PVT 数据

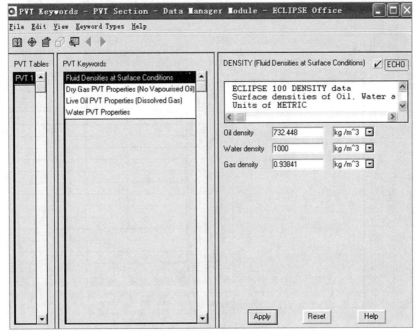

图 4.33　设置流体密度值

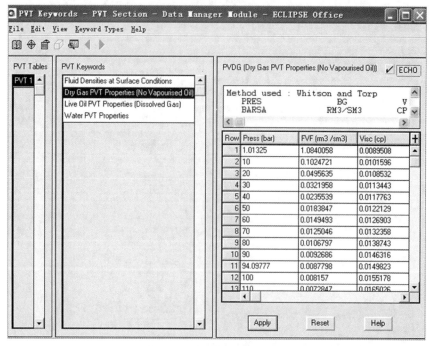

图 4.34 设置气相 PVT 性质

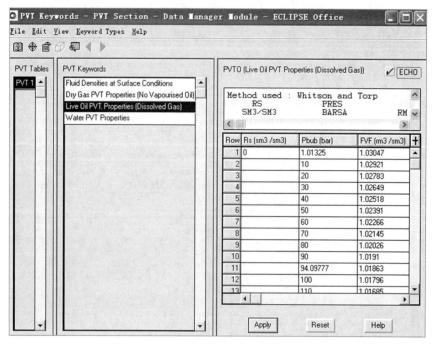

图 4.35 设置油相(含溶解气)PVT 性质

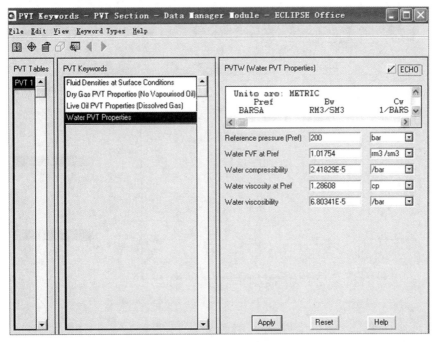

图 4.36　设置水相 PVT 性质

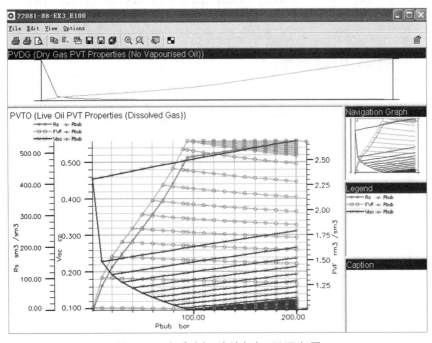

图 4.37　查看油相(含溶解气)PVT 相图

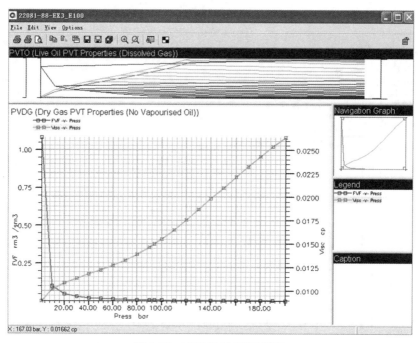

图 4.38 查看气相 PVT 相图

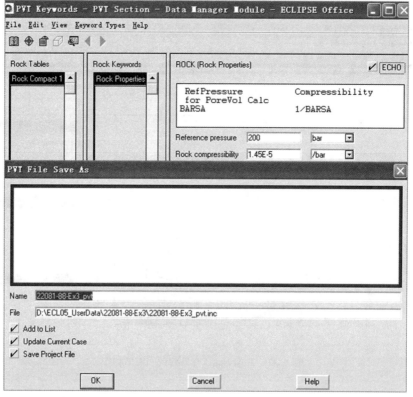

图 4.39 保存数据后退出

4.2.6　导入 SCAL 数据

该部分管理相对渗透率和毛管压力等数据。在 ECLIPSE Office 界面点击 SCAL 模块，从数据文件夹中导入 SCAL 数据体,输入相渗数据后查看相渗曲线,并保存数据,如图 4.40～图 4.46 所示。

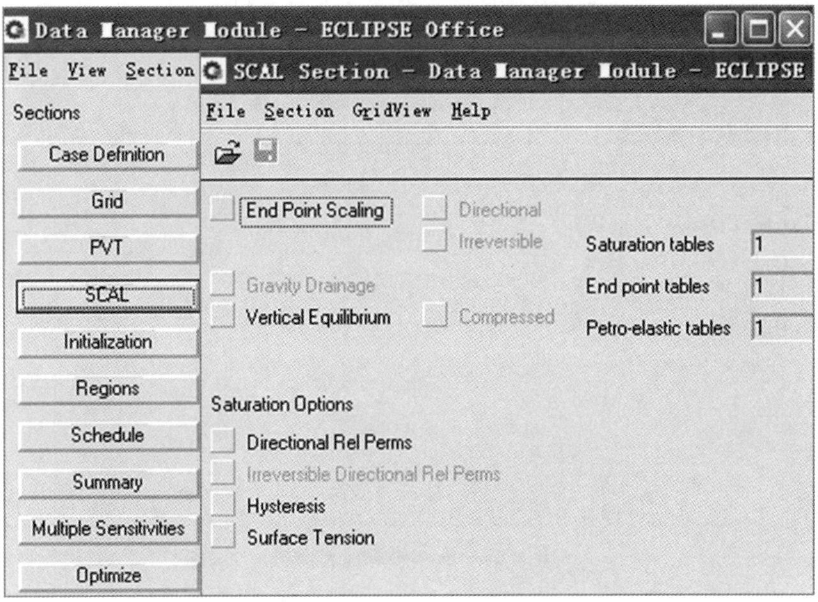

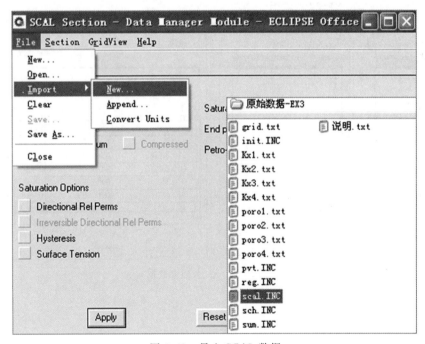

图 4.40　进入 SCAL 模块

图 4.41　导入 SCAL 数据

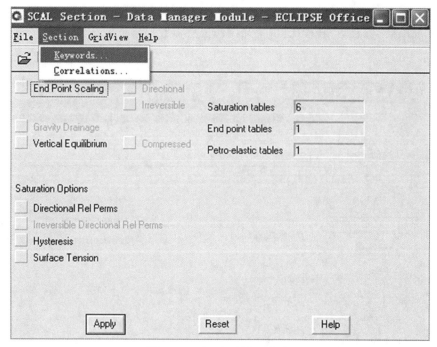

图 4.42　进入相渗设置模块

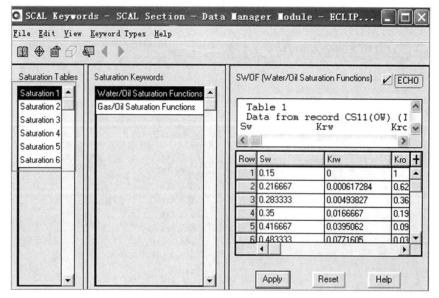

图 4.43　输入油水相渗数据

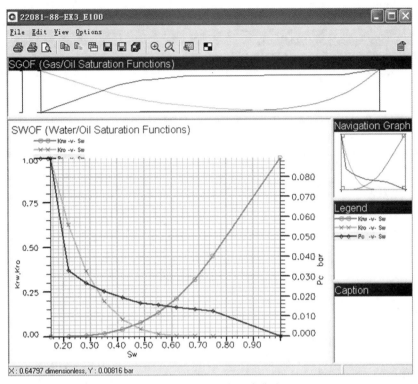

图 4.44　查看油水相渗曲线

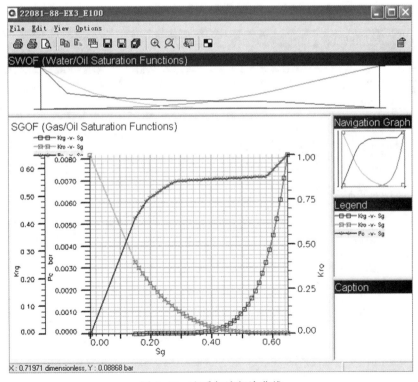

图 4.45　查看气液相渗曲线

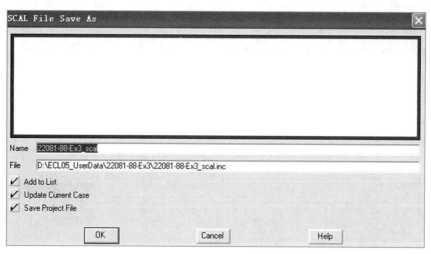

图 4.46　保存数据后退出

4.2.7　导入初始化数据

在 ECLIPSE Office 界面点击 Initialization（初始化），从数据文件夹中导入初始化数据，设置初始化基础参数，如：Datum Depth（基准面深度）、Pressure at Datum Depth（基准面深度处压力）、WOC Depth（Water-Oil-Contact，油水界面深度）等，如图 4.47～图 4.49 所示。

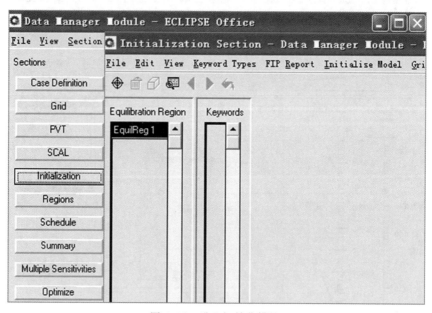

图 4.47　进入初始化模块

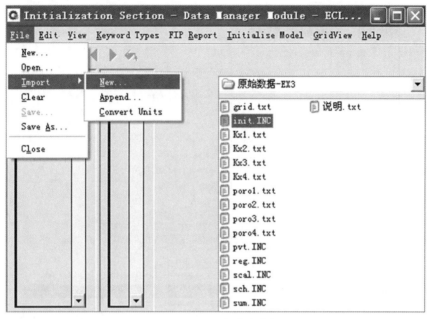

图 4.48　导入初始化数据

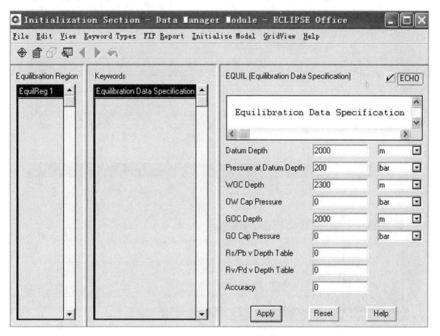

图 4.49　设置初始化数据值

通过试运行来平衡初始化,并查看模型储量和三维视图,如图 4.50～图 4.53 所示。

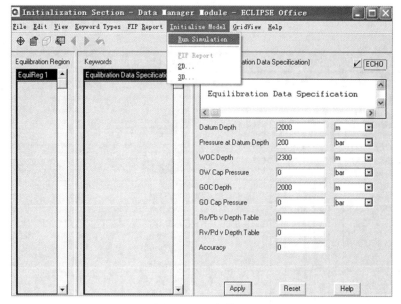

图 4.50　运行模型

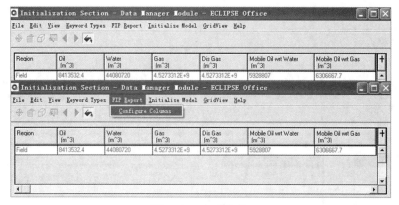

图 4.51　查看储量

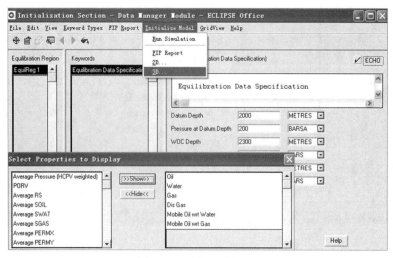

图 4.52　选择三维视图

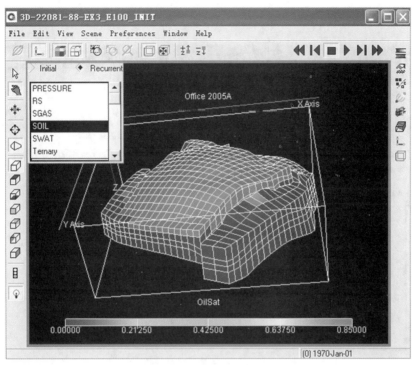

图 4.53　查看三维视图

4.2.8　导入分区数据

在 ECLIPSE Office 主界面点击 Regions(分区),进入分区模块。从数据文件夹导入分区数据,并设置饱和度分区。然后查看模型三维视图,保存数据后退出,如图 4.54～图 4.58 所示。

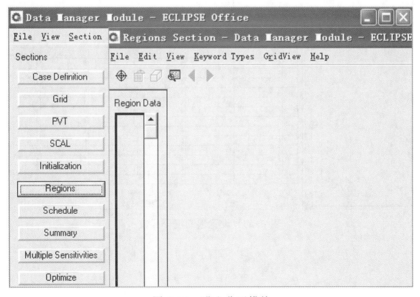

图 4.54　进入分区模块

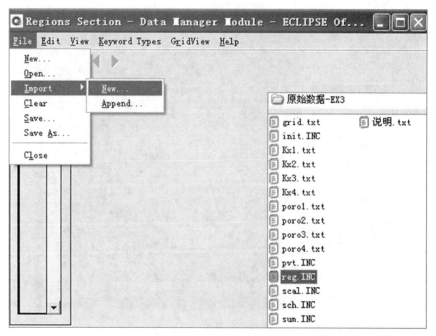

图 4.55　导入分区数据

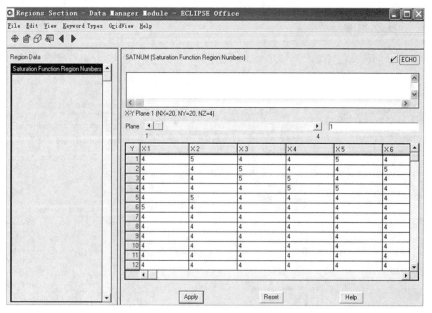

图 4.56　设置饱和度分区数

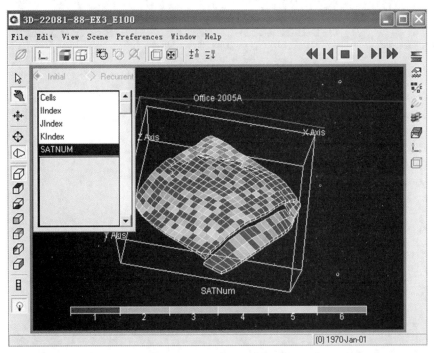

图 4.57　查看模型三维视图

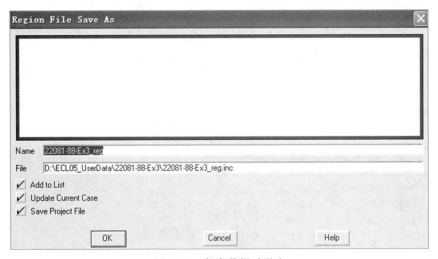

图 4.58　保存数据后退出

4.2.9　导入生产数据

在 ECLIPSE Office 主界面点击 Schedule 模块,进入井和生产控制设置。从原始数据文件导入生产数据,保存数据后退出,如图 4.59～图 4.61 所示。

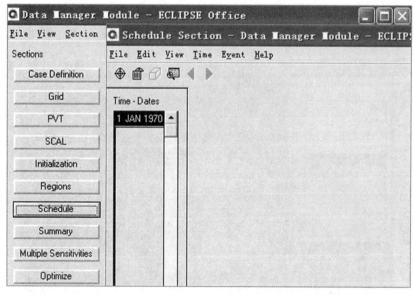

图 4.59　进入 Schedule 模块

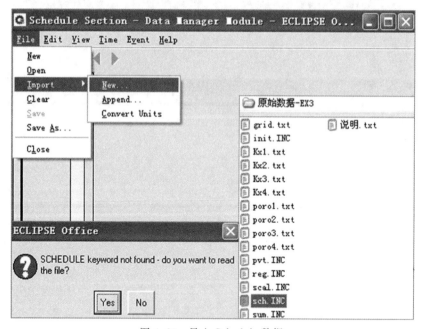

图 4.60　导入 Schedule 数据

4.2.10　导入指标汇总控制数据

在 ECLIPSE Office 主界面点击 Summary(汇总),从数据文件夹中导入汇总数据,指定输出的油藏开发指标,保存数据后退出,如图 4.62～图 4.64 所示。

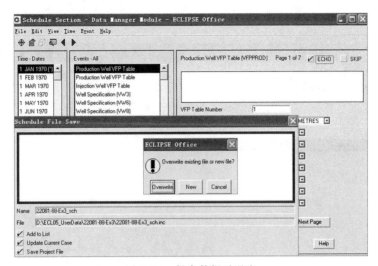

图 4.61　保存数据后退出

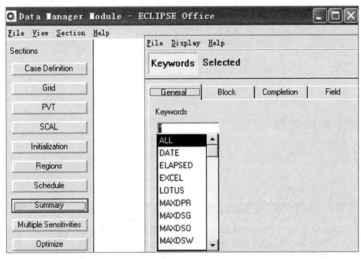

图 4.62　进入 Summary 模块

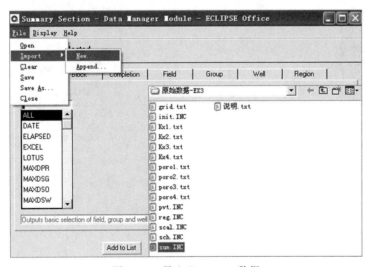

图 4.63　导入 Summary 数据

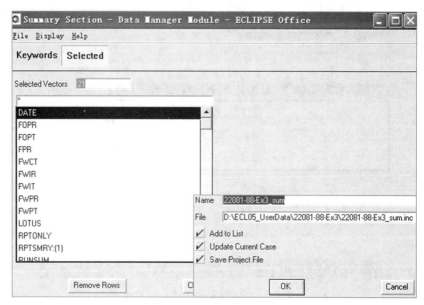

图 4.64　保存数据后退出

4.2.11　运行模拟计算

在 ECLIPSE Office 主界面点击 Run(运行),等待模型正常运行,如图 4.65、图 4.66 所示。

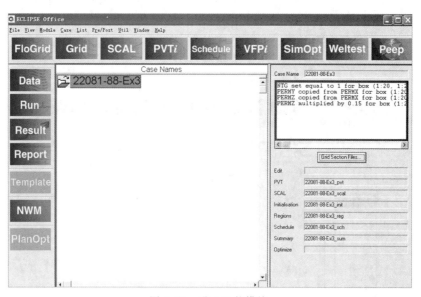

图 4.65　进入运行模块

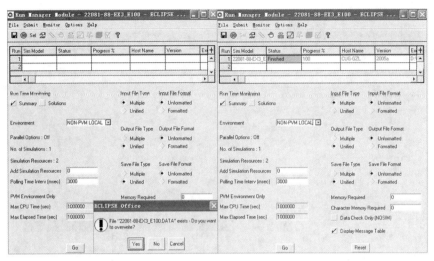

图 4.66　运行模型

4.2.12　查看结果

在 ECLIPSE Office 主界面点击 Result(结果)。加载模拟结果中的油藏地质体数据。在 File(文件)下选择 Open Current Case(打开当前案例)的 Solution...(方案),查看油藏参数三维图,加载所有开发指标,加载 X、Y 方向的变量,并查看生产动态曲线,如图 4.67～图 4.72所示。

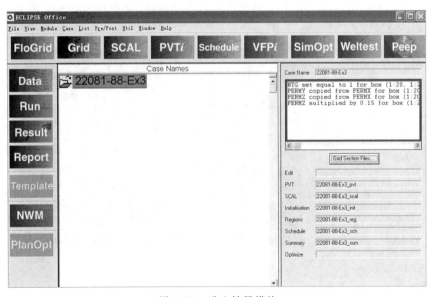

图 4.67　进入结果模块

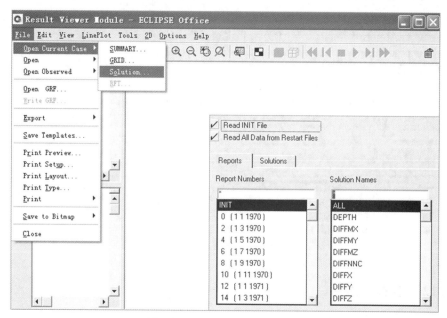

图 4.68　选择查看的油藏参数

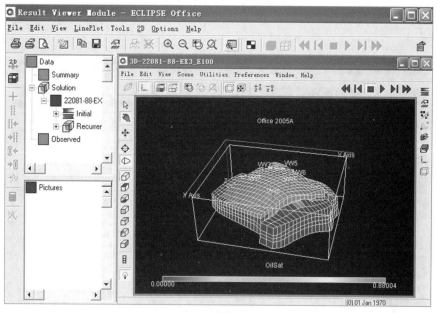

图 4.69　查看油藏参数三维图

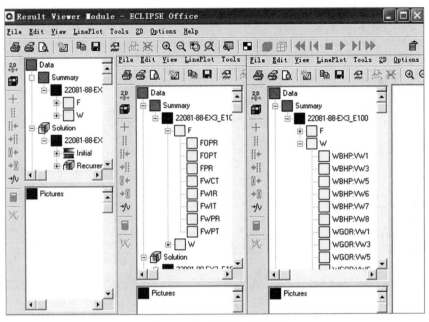

图 4.70　加载所有开发指标

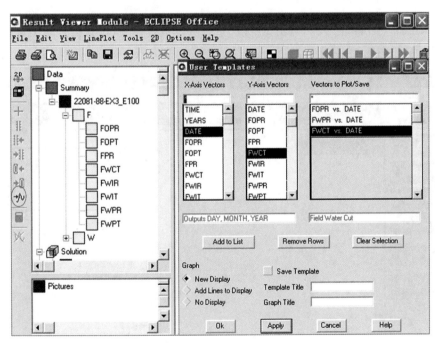

图 4.71　加载 X、Y 方向的变量

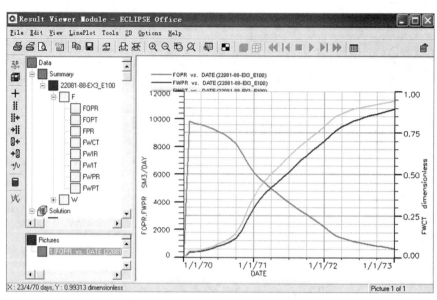

图 4.72　查看生产动态曲线

4.2.13　数据报表

在 ECLIPSE Office 主界面,点击 Report 进入数据报告模块,设置按月输出数据,并查看生产动态曲线,如图 4.73~图 4.75 所示。

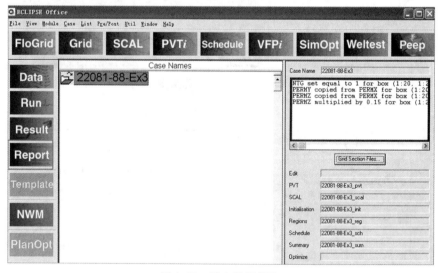

图 4.73　进入数据报告

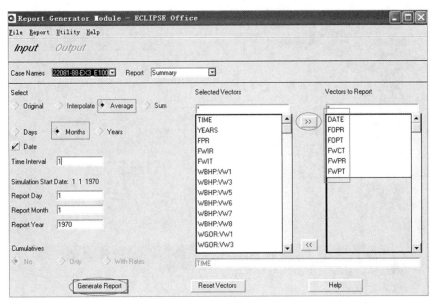

图 4.74 设置按月输出数据

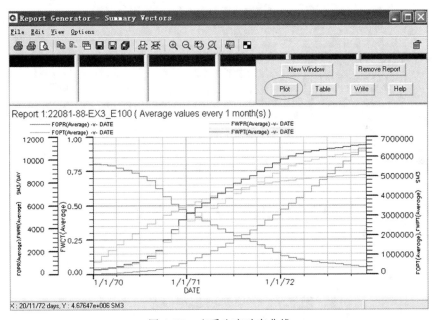

图 4.75 查看生产动态曲线

4.2.14 增加对比方案

在 ECLIPSE Office 主界面,选择 Case 下的 Add Case,新建一个方案,并在 Schedule 模块定义新方案的基本参数,如图 4.76～图 4.78 所示。

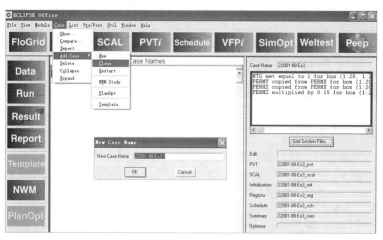

图 4.76　新建一个方案

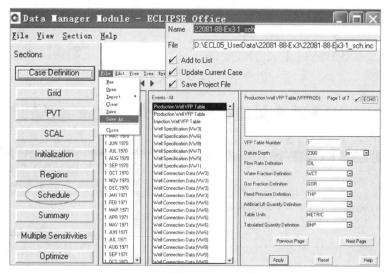

图 4.77　设置新方案基本参数

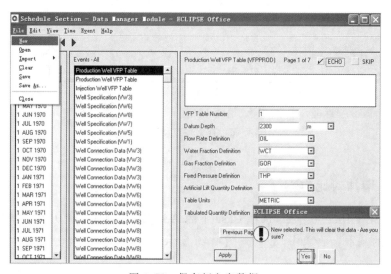

图 4.78　保存新方案数据

4.2.15　运行新方案的模拟计算

在 Run 模块运行新建的方案,并查看三维视图,如图 4.79、图 4.80 所示。

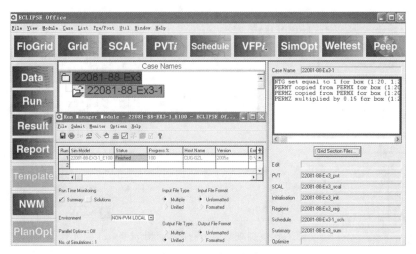

图 4.79　运行新方案

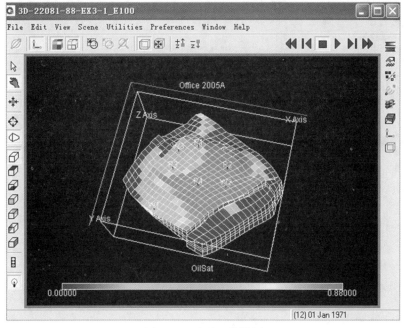

图 4.80　查看三维视图

4.2.16　对比两方案的开发指标

在 SUMMARY 模块加载新模型的油藏和开发参数,并和原方案的开发效果进行对比,如图 4.81、图 4.82 所示。

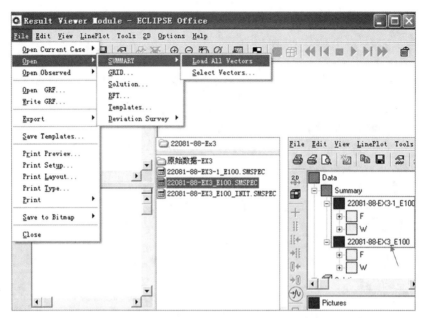

图 4.81　加载新模型的油藏和开发参数

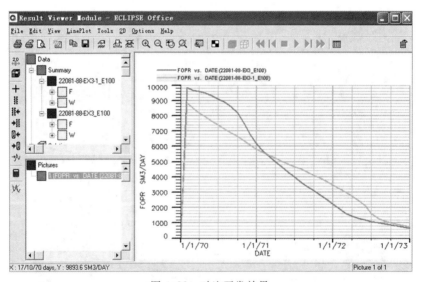

图 4.82　对比开发效果

主要参考文献

刘慧卿,2001. 油藏数值模拟方法专题[M]. 东营:石油大学出版社.

张烈辉,2005. 油气藏数值模拟基本原理[M]. 北京:石油工业出版社.

张烈辉,2004. 实用油藏模拟技术[M]. 北京:石油工业出版社.

袁士义,王家禄,2004. 油藏数值模拟[M]. 北京:石油工业出版社.

李淑霞,谷建伟,2008. 油藏数值模拟基础[M]. 东营:石油大学出版社.